口絵 1　LIGO リビングストン観測所の航空写真 (Credit: Caltech/MIT/LIGO Lab).

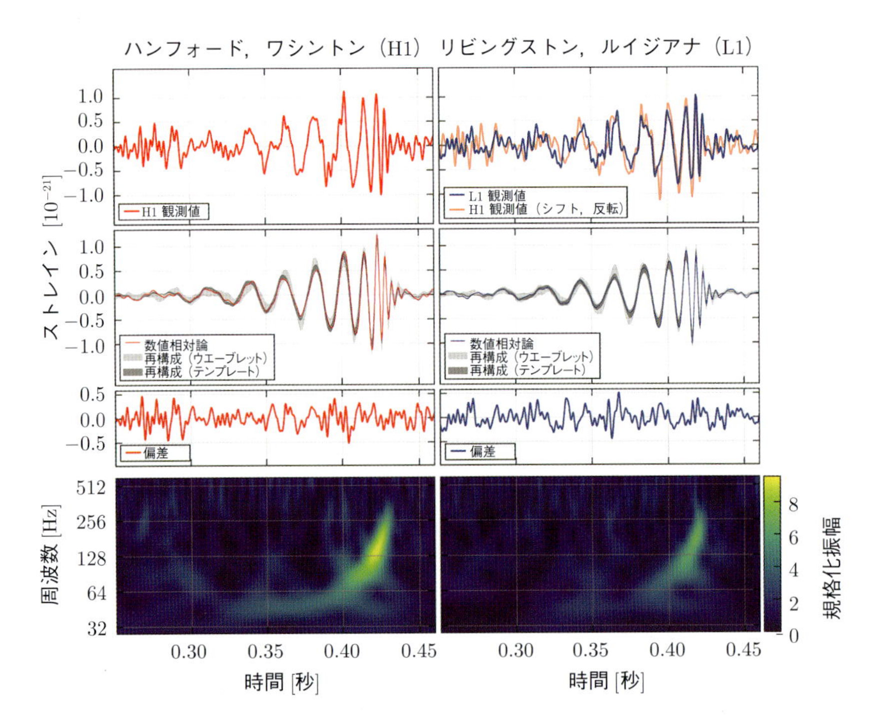

口絵 2　Advanced LIGO により観測された重力波イベント GW150914．左欄はハンフォード (H1)，右欄はリビングストン (L1) のイベントである．時間は 2015 年 9 月 14 日 09:50:45 UTC を基準としている．表示されたデータは，35–350 Hz のバンドパスフィルターを通し，検出器のスペクトル線雑音を取り除いたものである．一番上はそれぞれの検出器で得られたストレイン信号である．上から 2 番目は，データ解析により予想された重力波信号を 35–350 Hz のバンドパスフィルターを通したものである．上から 3 番目は，得られたデータ（1 番上）から，予測信号（2 番目）を差し引いた残差である．1 番下は周波数と時間の関係であり，徐々に信号の周波数が高くなっていることを示している（ [24] より引用）．

Frontiers in Physics 17

重力波物理の最前線

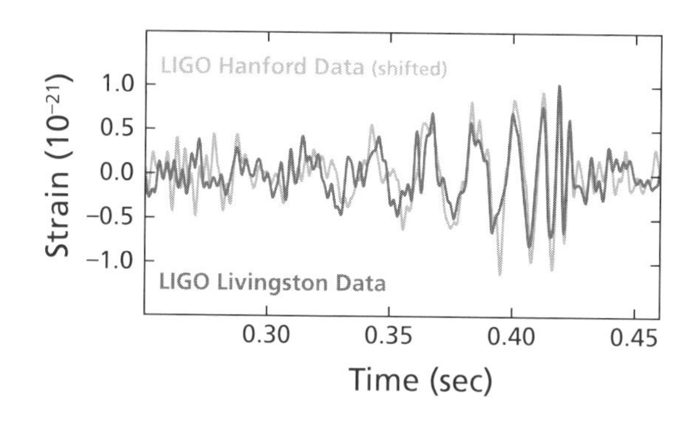

川村静児［著］

基本法則から読み解く **物理学最前線**

須藤彰三
岡　　真［監修］

17

共立出版

刊行の言葉

近年の物理学は著しく発展しています．私たちの住む宇宙の歴史と構造の解明も進んできました．また，私たちの身近にある最先端の科学技術の多くは物理学によって基礎づけられています．このように，人類に夢を与え，社会の基盤を支えている最先端の物理学の研究内容は，高校・大学で学んだ物理の知識だけではすぐには理解できないのではないでしょうか．

そこで本シリーズでは，大学初年度で学ぶ程度の物理の知識をもとに，基本法則から始めて，物理概念の発展を追いながら最新の研究成果を読み解きます．それぞれのテーマは研究成果が生まれる現場に立ち会って，新しい概念を創りだした最前線の研究者が丁寧に解説しています．日本語で書かれているので，初学者にも読みやすくなっています．

はじめに，この研究で何を知りたいのかを明確に示してあります．つまり，執筆した研究者の興味，研究を行った動機，そして目的が書いてあります．そこには，発展の鍵となる新しい概念や実験技術があります．次に，基本法則から最前線の研究に至るまでの考え方の発展過程を“飛び石”のように各ステップを提示して，研究の流れがわかるようにしました．読者は，自分の学んだ基礎知識と結び付けながら研究の発展過程を追うことができます．それを基に，テーマとなっている研究内容を紹介しています．最後に，この研究がどのような人類の夢につながっていく可能性があるかをまとめています．

私たちは，一歩一歩丁寧に概念を理解していけば，誰でも最前線の研究を理解することができると考えています．このシリーズは，大学入学から間もない学生には，「いま学んでいることがどのように発展していくのか？」という問いへの答えを示します．さらに，大学で基礎を学んだ大学院生・社会人には，「自分の興味や知識を発展して，最前線の研究テーマにおける“自然のしくみ”を理解するにはどのようにしたらよいのか？」という問いにも答えると考えます．

物理の世界は奥が深く，また楽しいものです。読者の皆さまも本シリーズを通じてぜひ，その深遠なる世界を楽しんでください．

須藤彰三

岡　真

まえがき

重力波天文学は 2015 年 9 月 14 日の LIGO による重力波の初検出によって創成された新しい学問であり，21 世紀にもっとも大きく発展するであろうと期待されている分野の一つである．そこで，現在，重力波天文学についての教科書となるべきものを世に出しておくことは，非常にタイムリーであると考える．

本書は，学部生，大学院生，研究者，そして一般の方，重力波に興味のある人ならだれでも読めるように平易に書いたつもりである．もちろん数式は使われているが，それらは理解できなくても，本文だけ読めば物理的な描像は把握できるようになっている．

本書の読者には，まず最初に重力波そのものについての基礎的な理解をしていただく．次に，重力波を放射する天体について学び，重力波と電磁波などの観測を融合させたマルチメッセンジャー天文学や，重力波観測の発展的応用についても知識を深めていただく．そして，レーザー干渉計で重力波を検出する際の基本的技術，先進的技術，そしてデータ解析についてもしっかりと理解していただく．ここまでで，重力波検出と重力波天文学の基礎ができあがるので，次はいよいよ実際の重力波検出の把握に進む．まずは，第 1 世代検出器はどのようなものであり，どのような成果が得られたかを学ぶ．次に，第 2 世代検出器について同様なことを学び，重力波の初検出とその後の検出について知る．最後に，将来の重力波検出器はどのようなものであり，それが実現されるとどのような宇宙の謎が解けるのかを学んでいただく．本書を読破すれば，重力波検出と重力波天文学についての十分な理解と知識が得られるはずである．

なお，本書では，重力波検出方法としてはレーザー干渉計によるものだけしか扱っていないが，それでもページ数の上限に達してしまった．そこで，残念ではあるが，共振型，パルサータイミング，ドップラートラッキングなどの別のタイプの検出器に関する説明は完全に省略させていただいた．また，電磁波背景放射の B モードの観測による原始重力波の観測への挑戦についても割愛した．さらに，第 1 世代重力波検出器以前のプロトタイプの開発の話も省略した．

さて，本書の執筆を依頼されたのは，2014 年 4 月のことであり，当初の締め切りは 2015 年 6 月であった．その後，私の方が尋常ではない忙しさとなり，執筆に使えたのは 1 年にせいぜい 10 日間程度であった．その結果，結局第 1 稿を提出できたのは 2017 年 8 月であった．何と締め切りを 2 年以上も過ぎてしまったのである．その間，常に根気強く優しい言葉で励まし続けてくださった島田誠氏には大変感謝をするとともに，とんでもなく遅れてしまったことに対してお詫びを申し上げたい．ただ，その遅れによって，本書の執筆のタイミングが重力波検出の後となり，また，第 2 稿の提出前の 2017 年 8 月 17 日に，中性子星連星の合体からの重力波とショートガンマ線バーストの同時観測がなされ，それらについても記述できたことは，この遅れに対する自分自身へのささやかな慰めとなっている．

本書の執筆にあたっては，榎本雄太郎氏と長野晃士氏に，ほとんどすべての数式の Tex での入力をやっていただき，また多くの図も作成していただいた．さらに本書全体を読んで有益なコメントをいただいた．彼らの協力なくしては本書は永遠に完成しなかったものと思われる．ここに謹んで感謝の意を表したい．

また，以下の方々には，本書の一部を読んでコメントをいただき，必要なら修正していただいた．深く感謝する次第である．伊藤洋介氏，久徳浩太郎氏，中野寛之氏，固武慶氏，横山順一氏，井岡邦仁氏，瀬戸直樹氏，田中貴浩氏，山元一広氏，安東正樹氏，高橋竜太郎氏，宗宮健太郎氏，古澤明氏，苔山圭以子氏，道村唯太氏，田越秀行氏，Stefan Ballmer 氏，Raffaele Flaminio 氏，Harald Lück 氏，新井宏二氏，和泉究氏，内山隆氏，三代木伸二氏，河邊径太氏，衣川智弥氏，Michele Punturo 氏，Matthew Evans 氏，Karsten Danzmann 氏，川添史子氏，兼村晋哉氏，中野雅之氏，端山和大氏，大下翔誉氏，森崎宗一郎氏，西澤篤志氏．

最後に，いつもゆったりとした温かさで私を支え続けてくれる最愛の妻と，類まれなたくましさを身につけ自由自在に生きている 3 人の子供たちと，この本をまたまた父とばあちゃんの遺影がある神棚にお祀りするであろう母に深く感謝したい．

2018 年 2 月　　　　　　　　　　　　　　　　　　　　　　　川村静児

目　次

第4章 レーザー干渉計による重力波の検出 31

第5章 重力波検出器における先進技術 81

第6章 データ解析 97

第7章 第1世代検出器と得られたサイエンス 113

第1章 重力波で宇宙を探る

ニュートンは重力というものを2つの物体の間に瞬時に働く遠隔力であると考えた．しかしこの概念は，遠隔力の伝達速度が光速を超えてしまうという点でアインシュタインの特殊相対性理論と相容れないものであった．そこで，アインシュタインは次のように考えた．ある場所に物体があると，そのまわりの時空がひずみ，別の物体はその場所での時空のひずみに応じた力を受ける．これが一般相対性理論における重力の解釈である．そして，もし物体が移動すると，それに応じてその物体のまわりの時空のひずみも変化するが，この変化が瞬時にではなく，徐々に遠方に伝わっていく．そこからの当然の帰結として，時空のひずみの伝播，すなわち重力波の存在が予言される．

一般相対性理論は，太陽による重力レンズ効果や水星の近日点移動の観測によりその正しさが確かめられてきたが，重力波に関してはその予言から初検出まで100年もかかった．その理由は，重力波と物質の相互作用が極めて小さいためである．この点，同じ波である電磁波とは大きく異なる．太陽光から我々の目を守るためには手のひらを目の前にかざすだけでよい．これは光と物質との相互作用が大きいためであり，その結果として手のひらは温もりを感じたり日焼けしたりする．ところが重力波の場合はまったく異なる現象が起こる．例えば100年に一度レベルの最大級の重力波が宇宙のどこかからやってきたとしよう．重力波がやってくると我々の身長が伸び縮みするのだが，たとえ地球の裏側にいたとしても重力波を遮蔽することはできない．一方，我々の身長の伸び縮みはどの程度かというと，わずか原子の10兆分の1程度にすぎないのである．つまり，重力波は地球を素通りしてくるため遮蔽できないだけでなく，我々自身もほぼ素通りしていくのである．

しかし，この特性は逆に重力波の存在価値を高めるものでもある．つまり，重力波の検出により，これまで電磁波などでは途中で遮蔽されて見ることのできなかった宇宙のさまざまな現象が，重力波によって見えてくるのである．例えば，超新星爆発から放射される重力波を観測することにより，爆発の内部の様子がわかると考えられている．また，電磁波は出さないが重力波は出すような天体現象もある．例えば，ブラックホール連星の合体は重力波でしか観測できない．また，重力波と電磁波と両方とも出す天体現象もある．例えば，中性子星連星の合体を重力波と電磁波で観測することにより，単独観測ではわからないさまざまな情報が得られることが期待できる．さらに，宇宙誕生直後の姿も，電磁波では無理だが，重力波により直接観測できる可能性がある．また，これまで想像すらできなかったような新しい天体現象が重力波によって見つかるかもしれない．さらに，余剰次元やダークエネルギーなどの，宇宙そのものに関わる根源的な謎に関しても，重力波による観測がその解明への糸口になる可能性もある．まさに，重力波によって新しい宇宙の姿が見えてくる，つまり広い意味での重力波天文学というまったく新しい分野が創成するのである．そういった意味で，重力波の初検出から広がっていく物理はまさに21世紀の夢のサイエンスであるといえる．

第2章 一般相対性理論と重力波

2.1 一般相対性理論

アインシュタインの一般相対性理論は等価原理と一般共変性の要請を指導原理として構築されている．等価原理とはいわゆるガリレオの落下実験で検証されたものであり，重力場中では質量の異なる物質でも同じ加速度で落ちるということを表す．より正確に言うとこれは『弱い等価原理』であるが，アインシュタインはそれを拡張して，「自由落下する観測者にとっては慣性系で成り立つすべての物理法則が成り立つ」と仮定した．これを『アインシュタインの等価原理』と呼ぶ．また，一般共変性とは，「物理法則はすべての座標系において同じ形式でなければならない」ということである．

まず，等価原理について少し詳しく考えてみよう．簡単のため地球上にある質量 M をもつ物質を考える．この物質に働く重力は，Mg であり，運動方程式は

$$M\ddot{z} = -Mg \tag{2.1}$$

となる．ここで z は物質の垂直方向の変位である．これにより，物質の加速度は重力加速度に等しくなるのであるが，ここで重力の大きさを決める質量（式の右辺の M），いわゆる重力質量と，物体の動きにくさを決める質量（式の左辺の M），いわゆる慣性質量がなぜ同じものであるのかは自明ではない．その点，一般相対性理論においては，物質によって作られた時空のひずみの中を別の物質はそのひずみに応じた経路（測地線）に沿って運動すると考えるので，等価原理は自動的に成り立つ．

一般相対性理論においては，物質のまわりに生じる重力場は，時空のひずみ

で表され，それはその点における計量テンソル $g_{\mu\nu}$ で表される．これは2点間の線素 ds を規定するものであり，時空がどれだけひずんでいるかを表す．

$$ds^2 = g_{\mu\nu}(x)dx^\mu dx^\nu. \tag{2.2}$$

平坦な時空において計量テンソルは

$$g_{\mu\nu}(x) = \eta_{\mu\nu} \equiv \begin{bmatrix} -1 & 0 & 0 & 0 \\ 0 & 1 & 0 & 0 \\ 0 & 0 & 1 & 0 \\ 0 & 0 & 0 & 1 \end{bmatrix} \tag{2.3}$$

となる．ここで式 (2.2) は，

$$ds^2 = -c^2dt^2 + dx^2 + dy^2 + dz^2 \tag{2.4}$$

となる．これは平坦な空間においてはピタゴラスの定理が成り立つことを表し，平坦な時空においては光の速度が c となることを意味する．ここで，質点は次のような測地線方程式

$$\frac{d^2x^\mu}{d\tau^2} + \Gamma^\mu{}_{\alpha\beta}(x(\tau))\frac{dx^\alpha}{d\tau}\frac{dx^\beta}{d\tau} = 0 \tag{2.5}$$

に沿って運動する．

次に，一般共変性原理であるが，この要請から物理法則はテンソル形式で記述されることになる．そして，最終的に以下のようなアインシュタイン方程式が導かれる．

$$R_{\mu\nu} - \frac{1}{2}g_{\mu\nu}g^{\alpha\beta}R_{\alpha\beta} = \frac{8\pi G}{c^4}T_{\mu\nu}. \tag{2.6}$$

ここで，

$$R_{\mu\nu} \equiv R_{\mu\alpha\nu}{}^{\alpha}, \tag{2.7}$$

$$R_{\alpha\beta\gamma}{}^{\delta} \equiv -\frac{\partial}{\partial x^\alpha}\Gamma^\delta{}_{\beta\gamma} + \frac{\partial}{\partial x^\beta}\Gamma^\delta{}_{\alpha\gamma} - \Gamma^\delta{}_{\alpha\mu}\Gamma^\mu{}_{\beta\gamma} + \Gamma^\delta{}_{\beta\mu}\Gamma^\mu{}_{\alpha\gamma}, \tag{2.8}$$

$$\Gamma^\gamma{}_{\alpha\beta} \equiv \frac{1}{2}g^{\gamma\delta}\left(\frac{\partial}{\partial x^\alpha}g_{\beta\delta} + \frac{\partial}{\partial x^\beta}g_{\alpha\delta} - \frac{\partial}{\partial x^\delta}g_{\alpha\beta}\right) \tag{2.9}$$

であり，$R_{\mu\nu}$ はリッチテンソル，$R_{\alpha\beta\gamma}{}^{\delta}$ はリーマン曲率テンソル，$\Gamma^{\gamma}{}_{\alpha\beta}$ は接続係数またはクリストッフェル記号，$T_{\mu\nu}$ はエネルギー・運動量テンソルと呼ばれる．

アインシュタイン方程式の右辺はエネルギーや質量（特殊相対性理論によるとそれらは同じものである）等の分布を表し，左辺は時空がどのようにひずむかを表す．したがって，アインシュタイン方程式はエネルギーや物質等がどのように時空をひずませるかを規定するものである．ここで気をつけなくてはいけないのは，アインシュタイン方程式は非線形であるということである．エネルギーや物質によって作られた時空のひずみは，それ自体がエネルギーをもち，さらなる時空のひずみを引き起こす．したがって，アインシュタイン方程式が厳密に解ける場合は，球対称の物質のまわりの重力場など，ごく一部の特殊な場合に限られる．

ここで少し，重力の本質について考えてみよう．一般相対性理論によると，座標系のとり方によって重力を消すことができる．これは例えば綱の切れたエレベーターに乗っている観測者にとって，目の前のりんごには重力は働かないことに対応する．これは，ニュートン力学においては，綱の切れたエレベーターという加速度座標系をとることにより慣性力という力が現れ，それと重力が釣り合うため，りんごには何の力も働かないと説明できる．しかし，一般相対性理論では，すべての座標系を同等に扱うことができるという原理から，綱の切れたエレベーターの座標系においては，本当にりんごの重力はないものと考える．つまり，重力というものは座標系のとり方によって現れたり消えたりするものである．

では，重力の本質は何であろうか？これを考えるため，綱の切れたエレベーターの中に縦横 4 つのりんごを配置してみよう（図 2.1 参照）．なお，りんご同士の重力は無視する．さて，左右に配置されたりんごは地球の中心に向かって落ちていくため，エレベーター内の観測者にとって 2 つのりんごはだんだんと近づいていく．上下に配置されたりんごに関しては，上のりんごの方が下のりんごより地球から遠くゆっくりと落ちるため，エレベーター内の観測者にとっては，2 つのりんごはだんだんと離れていく．つまり，4 つのりんごは潮汐的

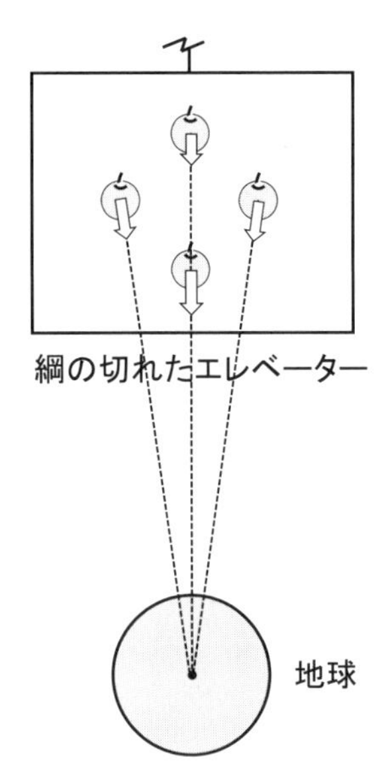

図 2.1　綱の切れたエレベーター内に浮かぶ 4 つのりんご．左右の 2 つのりんごは地球の中心に向かって落ちていく．下のりんごは上のりんごより地球に近いため速く落ちる．

な力を受ける．これは，潮の満ち引きと同じ原理である．さて，この潮汐力は，座標系をどのようにとろうとも消し去ることはできない．つまり，この潮汐的な力，言い換えると潮汐的な空間のひずみこそが重力の本質である．

2.2 重力波

2.2.1 重力波の導出

アインシュタイン方程式は非線形であるが，時空のひずみが小さく，平坦な時空からわずかにずれていると考えることができる場合には，アインシュタイン方程式は線形化することができる．

$$h_{\mu\nu}(x) = g_{\mu\nu}(x) - \eta_{\mu\nu} \tag{2.10}$$

とおくと，最終的にアインシュタイン方程式は以下のように線形化される．

$$-\eta^{\mu\nu}\frac{\partial^2 \bar{h}_{\alpha\beta}}{\partial x^\mu \partial x^\nu} - \eta_{\alpha\beta}\frac{\partial^2 \bar{h}^{\mu\nu}}{\partial x^\mu \partial x^\nu} + \frac{\partial^2 \bar{h}^\mu_\beta}{\partial x^\alpha \partial x^\mu} + \frac{\partial^2 \bar{h}^\mu_\alpha}{\partial x^\beta \partial x^\mu} = \frac{16\pi G}{c^4}T_{\alpha\beta}, \tag{2.11}$$

$$\bar{h}_{\alpha\beta} := h_{\alpha\beta} - \frac{1}{2}\eta_{\alpha\beta}\eta^{\mu\nu}h_{\mu\nu}. \tag{2.12}$$

$\partial\bar{h}^{\mu\nu}/\partial x^\mu = 0$ を満たすローレンツゲージを用いると，

$$-\left(-\frac{1}{c^2}\frac{\partial^2}{\partial t^2} + \frac{\partial^2}{\partial x^2} + \frac{\partial^2}{\partial y^2} + \frac{\partial^2}{\partial z^2}\right)\bar{h}_{\alpha\beta} = \frac{16\pi G}{c^4}T_{\alpha\beta} \tag{2.13}$$

となる．ここで，真空中，つまり $T = 0$ においては，

$$\left(-\frac{1}{c^2}\frac{\partial^2}{\partial t^2} + \frac{\partial^2}{\partial x^2} + \frac{\partial^2}{\partial y^2} + \frac{\partial^2}{\partial z^2}\right)\bar{h}_{\alpha\beta} = 0 \tag{2.14}$$

となる．これは電磁波の方程式と極めて類似しており，波動解が存在する．その解として平面波

$$\bar{h}_{\mu\nu} = A_{\mu\nu}\mathrm{e}^{ik_\alpha x^\alpha} \tag{2.15}$$

を考える．ここで，Transverse-Traceless (TT) ゲージ：

$$A^\alpha{}_\alpha = 0, \tag{2.16}$$

$$A_{\mu\nu}U^\nu = 0 \tag{2.17}$$

を用いる（U^ν は任意の時間的な単位ベクトル）と，例えば以下の z 軸方向に進む波動解が求まる．

$$h_{jk}(t, \boldsymbol{x}) = \left(h_+ e^+_{ij} + h_\times e^\times_{ij}\right)\mathrm{e}^{i\omega(t - z/c)}, \tag{2.18}$$

$$e^+_{ij} = \begin{bmatrix} 1 & 0 & 0 \\ 0 & -1 & 0 \\ 0 & 0 & 0 \end{bmatrix}, \tag{2.19}$$

$$e^\times_{ij} = \begin{bmatrix} 0 & 1 & 0 \\ 1 & 0 & 0 \\ 0 & 0 & 0 \end{bmatrix}. \tag{2.20}$$

これが重力波である．式 (2.14), (2.18) によると重力波は光速で伝わり，$+$ と $\times$

の 2 つの独立な偏極モードをもつ.

2.2.2 重力波の物質への作用

次に，重力波中で質点がどのように振る舞うかを考えてみよう．例えば，z 方向に進む + モードの重力波が存在していると考えることにする．まずは，TT ゲージを用いた，TT 座標系で考える．自由質点の測地線方程式を解くと，結果的には質点には何の力も働かず，その場に静止し続ける．しかし，x 方向へ進む光の見かけの速度を考えた場合は以下のような変化をもたらす.

$$0 = ds^2 = -c^2 dt^2 + (1+h)dx^2 \tag{2.21}$$

$$\Rightarrow \frac{dx}{dt} \simeq c\left(1 - \frac{h}{2}\right). \tag{2.22}$$

同様に y 方向へ進む光の見かけの速度は以下のようになる.

$$0 = ds^2 = -c^2 dt^2 + (1-h)dy^2 \tag{2.23}$$

$$\Rightarrow \frac{dy}{dt} \simeq c\left(1 + \frac{h}{2}\right). \tag{2.24}$$

これは重力波 h によって見かけの光速が x 方向と y 方向でそれぞれ $h/2$ の割合で差動的に変化することを表す.

次に局所慣性系で考えてみよう．この場合，重力波の自由質点への影響を考えると，x 軸上にある，原点から L だけ離れた自由質点の運動方程式は,

$$\frac{d^2x}{dt^2} = \frac{1}{2}L\ddot{h} \tag{2.25}$$

のようになる．これは質点が原点からの距離に比例して重力波によって変位を受けることを示す．変位量は,

$$x = \frac{1}{2}Lh \tag{2.26}$$

である．同様に y 軸上にある質点にも原点からの距離に比例して，重力波によって x 軸とは差動的に変位を受けることがわかる．× モードについても同様に考えると，x 軸と y 軸から 45 度傾いた軸に対して潮汐的に変位を受けることが示

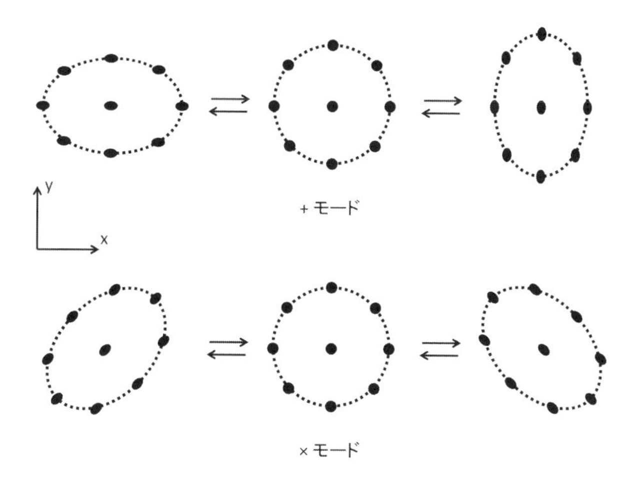

図 **2.2**　z 方向に伝播する重力波が到来したときの x-y 平面上の自由質点の運動の模式図．質点が潮汐的に運動することがわかる．

される．図 2.2 に $+$ と $\times$ の 2 つのモードの重力波に対する質点の反応を示す．ちなみに，光の見かけの速度に関しては局所慣性系であるので，もちろん光速と等しい．

ここで注意が必要なのは，局所慣性系はあくまでも局所な領域でしか有効ではないという点である．具体的には，局所慣性系が使えるのは，重力波の波長に比べて考えている領域のサイズが小さい場合に限られる．その点 TT 座標系にはその制限はない．いずれの座標系で考えても，重力波は時間変化する潮汐的な空間のひずみを引き起こす．つまり，物質の位置が変化したときには，重力の本質であるところの潮汐的な空間のひずみが波として伝わっていく．これこそが重力波なのである．以上の議論より，h を重力波により引き起こされる時空のストレインと呼ぶ．

2.2.3　重力波の生成

次に，重力波の生成について考えよう．これは物質の位置が変化したときに，そのまわりの重力場の変化が徐々に遠方に伝わっていくということで表せる．物質から，重力波の波長と比べて十分遠方において，アインシュタイン方程式を解くと

$$\bar{h}^{jk}(t,\boldsymbol{x}) \simeq \frac{2G}{c^4 r}\ddot{I}^{jk}(t-r/c), \tag{2.27}$$

$$I^{jk}(t) = \int x^j x^k T^{00}(t,\boldsymbol{x})d^3\boldsymbol{x} \tag{2.28}$$

となる．これは物質の四重極モーメント $I^{jk}(t)$ の時間変化が重力波を発生させることを表す．電磁波の場合は双極子モーメントの時間変化が電磁波を発生させるのだが，重力波には双極子放射が存在しない．この理由は，運動量保存の法則に起因する．電荷を動かすことにより電荷の双極子モーメントを変化させることは自由にできる．しかし，質量の場合は，物体 A を動かそうとして物体 B から力を加えると，その反作用で物体 B も動き，運動量保存の法則により系全体の質量の双極子モーメントは変化できない．これはまた，負の質量が存在しないためであるともいえる．これにより，重力波放射の最低次の項は四重極放射となる．

回転するダンベルから発生する重力波

まず，図 2.3 のように質量 M の物体が両端についた長さ L のダンベルを周波数 f で回転させてみよう．この系を真上から見たとき，放射される重力波の強度は式 (2.29) のようになる．

$$h_{ij} = -\frac{2GML^2(2\pi f)^2}{c^4 r}\left[e^{+}_{ij}\cos(4\pi ft) + e^{\times}_{ij}\sin(4\pi ft)\right]. \tag{2.29}$$

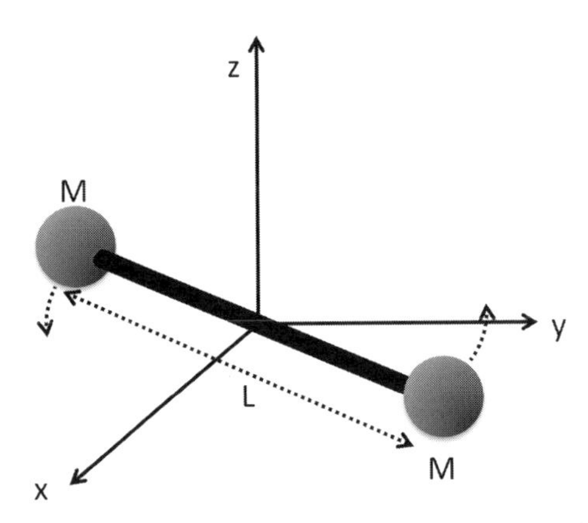

図 2.3　回転するダンベル．質量 M の物体が長さ L の棒の両端についている．

この式でまず気がつくのは重力波の周波数は，ダンベルの回転周波数の 2 倍であるという点である．これは，重力波が四重極放射であるということに起因する．直感的には，ダンベルが半回転したときに四重極モーメントとしてはもとと同じ，つまり重力波の 1 周期に対応するというふうに理解できる．また，発生する重力波の振幅が質量 M に比例し，長さ L と周波数 f の 2 乗に比例することもわかる．これは，つまり重いものが速く回転するほど強い重力波が放射されるということを示す．では，実際に回転するダンベルは，どの程度の重力波を生じさせるであろうか．実現可能な最大のものとして，$M = 10^3\,\mathrm{kg}$, $L = 1\,\mathrm{m}$, $f = 10\,\mathrm{Hz}$ を考えてみる．発生する重力波の波長より近い場所では重力波の影響より重力場の影響の方が大きいので，重力波の波長程度 $(\sim \lambda = c/2f = 1.5 \times 10^7\,\mathrm{m})$ 離れたところの重力波の強度を計算すると $h \sim 4 \times 10^{-45}$ となる．これは，例えば $1\,\mathrm{km}$ 離れた物体間の距離を $4 \times 10^{-42}\,\mathrm{m}$ 変化させるにすぎず，現在の我々の技術で計測することは不可能なレベルである．

重力によりお互いのまわりを回る 2 つの物体から発生する重力波

次に，図 2.4 のように質量 M_1 と M_2 の 2 つの物体が宇宙空間で重力によりお互いのまわりを回っている系を考えよう．式 (2.27) より，この系が放出する重力波を図 2.4 の $x'y'z'$ 系で観測すると

$$h_{ij} = h_+(t)e^{+}_{ij} + h_\times(t)e^{\times}_{ij}, \tag{2.30}$$

$$h_+(t) = -\frac{4G^2 M_1 M_2}{ac^4 r}\frac{1+\cos^2\theta}{2}\cos\left(2\sqrt{\frac{GM}{a^3}}\,t\right), \tag{2.31}$$

$$h_\times(t) = -\frac{4G^2 M_1 M_2}{ac^4 r}\cos\theta\sin\left(2\sqrt{\frac{GM}{a^3}}\,t\right) \tag{2.32}$$

のようになる．ここで，重力波放射の方向依存性について見ておこう．重力波はこの系から四方八方に放射されるが，その大きさは方向依存性をもつ．物質の運動は z 軸に関して軸対称であるので方位角には依存せず（方位依存性は時間に隠れている），z 軸からの角度 θ にのみ依存する．その方向依存性は図 2.5 のようになる．

これによると，重力波は公転面内に垂直な方向にもっとも強く放射されるこ

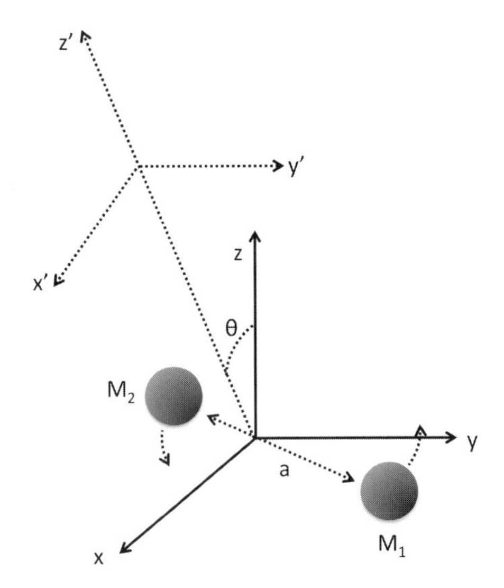

図 **2.4**　お互いのまわりを回る 2 つの物体の座標系．重力波の方向の z 軸からの角度を θ とする．

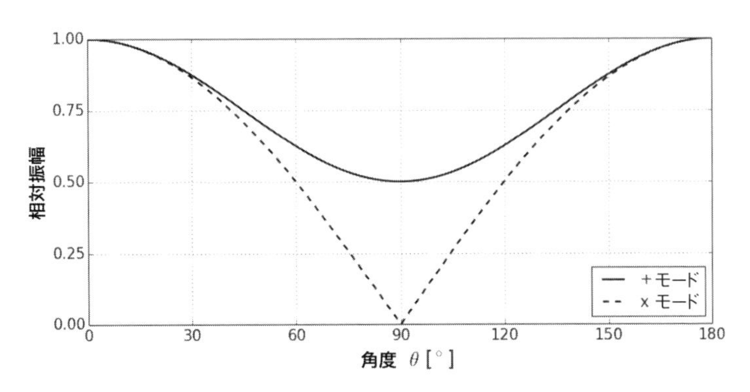

図 **2.5**　お互いのまわりを回る 2 つの物体から放射される重力波の方向依存性．

とがわかる．また，公転面内の方向への放射の振幅の大きさについては，＋モードで垂直方向の半分，× モードはまったく放射されないことがわかる．

さて，この重力で結びついた 2 つの物体から成る系と，回転するダンベルの大きな違いは，ダンベルの方は周波数が一定であるように強制的に回転させているのに対して，2 つの物体から成る系は，その回転周波数を維持する機構がないことである．もちろん，古典力学のもとでは2つの物体系はずーっと同じ回転周波数で回り続けるのであるが，一般相対性理論が適用されるような系では，その保存則は成り立たない．つまり，系から放射される重力波は，その系からエネルギーを運び去るため，2つの質点の距離は徐々に近づいていく．それに伴い，公転の周波数はだんだんと高くなっていき，したがって放射される重力波の周波数も高くなる．また，それに伴って，重力波の振幅も大きくなっていく．

実際，エネルギー保存則を使って，公転周波数を時間の関数として求めることができる．また，位相は公転周波数の一階積分であるので，公転周波数から公転位相も求まる．公転位相は，ポストニュートニアン近似により計算できる．ポストニュートニアン近似とは，アインシュタイン方程式を，$(v/c)^2$（v は物体の速度）を次数のパラメータとして展開する手法である．現在は，スピンを無視して，最低次より3.5次のポストニュートニアン近似まで計算されている．それらを使えば，放出される重力波の時間変化は以下のようになる．

$$h_{ij} = h_+(t)e^+_{ij} + h_\times(t)e^\times_{ij}, \tag{2.33}$$

$$h_+(t) = -\frac{4(GM_c)^{5/3}}{c^4 r}\omega_{\rm orb}^{2/3}\frac{1+\cos^2\theta}{2}\cos 2\phi_{\rm orb}(t), \tag{2.34}$$

$$h_\times(t) = -\frac{4(GM_c)^{5/3}}{c^4 r}\omega_{\rm orb}^{2/3}\cos\theta\sin 2\phi_{\rm orb}(t). \tag{2.35}$$

ただし，$\omega_{\rm orb}$ と $\phi_{\rm orb}(t)$ はポストニュートン近似で求められる公転角速度と公転位相であり，$M_{\rm c} = (M_1M_2)^{3/5}(M_1+M_2)^{-1/5}$ である（チャープ質量と呼ばれる）．ポストニュートニアン近似により得られた公転角速度と公転位相を使って求めた重力波信号を図2.6に示す．これによると，重力波信号の周波数は徐々に高くなっていき，その振幅も徐々に大きくなっていく．この信号は，音声にすると小鳥のさえずりに似ていることからチャープ信号と呼ばれる．

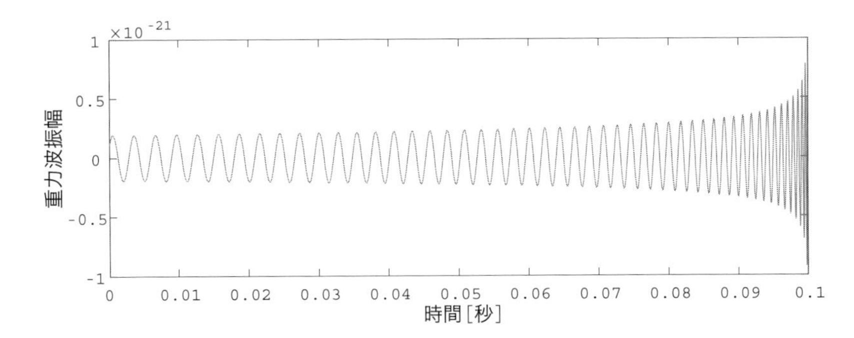

図 2.6　お互いのまわりを回っている2つの物体の系から発生する重力波．横軸は時間，縦軸は重力波のストレインである．

第3章 重力波天文学

3.1 重力波を放射する天体

測定可能な重力波を人工的に生成することは非常に困難であるが，幸いなことに，宇宙では非常に重い星が非常に大きな加速度をもって運動するような天体現象がいろいろと存在する．ブラックホールや中性子星などの高密度星から成る連星の公転運動と合体，パルサー（中性子星）の自転運動，超新星爆発，初期宇宙での急激な宇宙膨張などの天体現象からは重力波の放射が期待できる．それらの天体現象からの重力波を検出することができれば，これまでに電磁波や宇宙線などで行ってきた宇宙の観測に，まったく新しい手段をもたらすことになる．これまでに，人類は波長の異なる電磁波によって宇宙の観測を行うことにより，電波天文学，赤外線天文学，X線天文学，ガンマ線天文学などの新しい天文学を切り開いてきた．またニュートリノなどの宇宙線による天文学も創成された．そして，そのたびに，それまでには予想できなかった新しい宇宙の姿を発見してきた．ましてや，重力波は電磁波やニュートリノとはまったく違うものである．その重力波で宇宙を観測することにより，これまでの観測手段では見えなかった新たな宇宙の姿が見えてくるだけでなく，現段階では想像すらできないようなまったく新しい天体現象が見つかる可能性もある．これがいわゆる重力波天文学であり，これによって我々の宇宙に対する理解が格段に進むことが期待できる．

3.1.1 中性子星連星

中性子星は，ほぼ中性子から成り立つ星であり，太陽質量の10倍程度の星が超新星爆発を起こしたときにその中心部分に形成されると考えられている．半径は約 10 km，質量は太陽質量の 1.4 倍程度のものが多い．したがって密度は 1 cm^3 あたり約 10 億トンである．中性子星を星として踏み留まらせているのは中性子の縮退圧や核力であり，質量がトルマン・オッペンハイマー・ヴォルコフ限界（太陽質量の 2〜3 倍）以上になると縮退圧や核力が重力に抗しきれなくなり，ブラックホールになる．

中性子星連星は 2 つの中性子星がお互いのまわりを回っている天体であるが，この公転運動は重力波を放射する（図 3.1 参照）．重力波は連星系からエネルギーを運び去るので，2 つの中性子星の距離は徐々に短くなっていき，それに伴って公転周期も短くなっていく．この段階はインスパイラルフェーズと呼ばれ，放射される重力波は周波数が徐々に高くなっていき，それに伴って振幅も大きくなっていく，いわゆるチャープ信号と呼ばれるものである．中性子星の半径は 10 km 程度であるので，連星間の距離が近づくと 2 つの中性子星の衝突が起こる．この衝突が起こる直前がインスパイラルフェーズの最終段階であり，もっとも強い重力波が放射される．インスパイラルフェーズの重力波の周波数は低周波から 1 kHz 程度までスイープしていく．

衝突後は，2 つの中性子星が合体していくのであるが，これが合体フェーズである．このフェーズにおいても重力波は放射されるが，その波形や振幅の大きさは，合体がどのように進むかに依存する．そしてそれは中性子星内部の状態方程式に依存するが，いまだ確定的にはわかっていない．逆に，もし中性子星連星の合体からの重力波が検出でき，その波形を詳しく観測することができれば，中性子星の状態方程式を知ることができる．なお，状態方程式の制限・決定に関しては，近年ではインスパイラル段階で潮汐効果を通じ，軌道進化および重力波波形が変わることを利用する方法も用いられている [1]．

2 つの中性子星は合体フェーズののち，最終的にはほとんどの場合ブラックホールになるであろうと考えられている．ブラックホールが形成されて少しの間は，ブラックホールの準固有振動と呼ばれる状態となる．これがリングダウンフェーズである．このフェーズでも準固有振動に特有の重力波を放射する．そして，リングダウンフェーズが終了し安定なブラックホールに落ち着くと，もはやそれ以上は重力波を放射しなくなる．

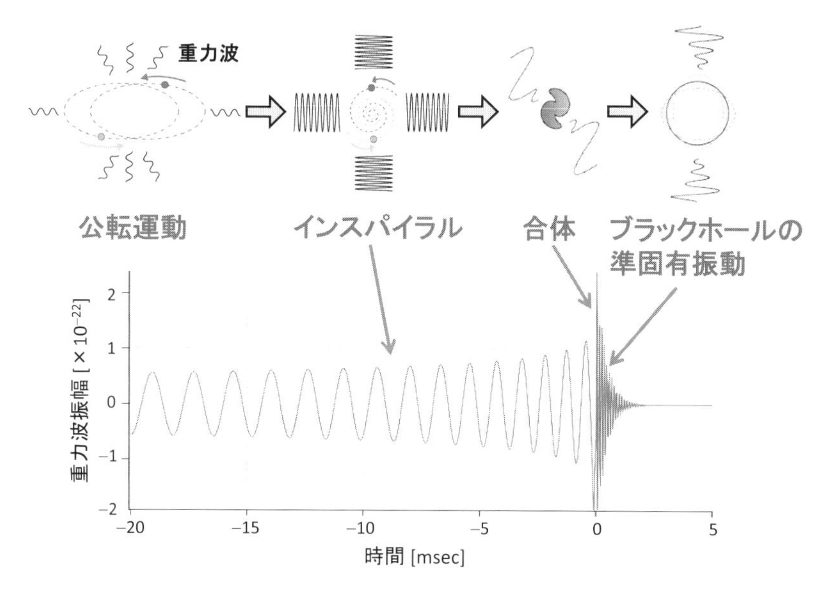

図 3.1 中性子星連星の合体前後に放射される重力波．上部には各フェーズの天体の様子，下部には放射される重力波信号の波形が描かれている．まず，中性子星連星のインスパイラルフェーズにはチャープ信号が放射される．重力波の周波数は徐々に高くなっていき，振幅は徐々に大きくなっていく．合体フェーズにおいては，中性子星の状態方程式に依存する形で重力波の放射が起きる．合体後のリングダウンフェーズにおいては，ブラックホールの準固有振動に特有な重力波が放射される（Credit：神田展行）．

合体フェーズにどのようなプロセスを経てブラックホールになるか（あるいはならないか）は数値相対論シミュレーションにより研究が行われている．なお，数値相対論の基礎については中村卓史氏（京都大学名誉教授）の寄与が大きく，その後も，特に中性子星連星の合体などにおいて柴田大氏（京都大学基礎物理学研究所教授）のグループの貢献は大きい．

さて，数値相対論シミュレーションによると，中性子星の状態方程式によっては，通常のものより重い中性子星が短期間存在できる可能性が示唆されている [2]．この重い中性子星は高速で回転するため，非軸対称性があるかぎり，その間重力波を出し続ける．そして，その重い中性子星が存在できる期間は，もとの 2 つの中性子星の質量とともに，中性子星の状態方程式に依存する．図 3.2

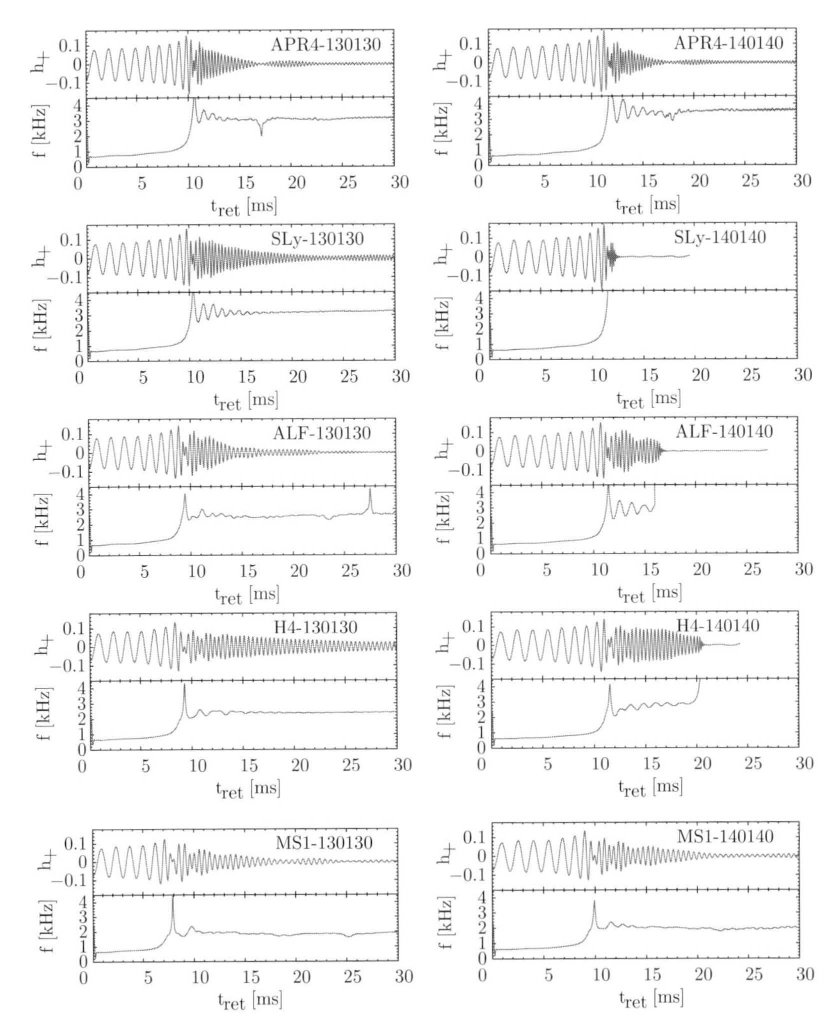

図 3.2　中性子連星の合体からの重力波．各図はさまざまなパラメータをもつ中性子星の状態方程式に対応する重力波信号を数値相対論シミュレーションにより計算したものである．左の欄はもとの 2 つの中性子星の質量がともに太陽質量の 1.3 倍，右の欄は 1.4 倍の場合である．各図において，上の図は重力波信号，下の図は重力波の周波数を表す．横軸は時間である（ [2] より引用）.

に，中性子星の質量を固定して，さまざまな状態方程式に対して，放射される重力波の波形を計算したものを示す．これによると，状態方程式によっては，すぐに重力波の放射が終了しブラックホールになる場合や，比較的長い時間にわたって重い中性子星状態を維持し重力波を出し続ける場合もある．重力波のインスパイラルフェーズの波形の観測により中性子星の質量が決定できるので，もし合体フェーズの重力波を詳細に観測することができれば，中性子星の状態方程式がわかることが期待できる．

ところで，中性子星連星は1974年にハルスとテイラーにより初めて発見された．これはPSR1913+16という名前をもち，一方がパルサーとして観測可能な中性子星である．

ここでパルサーについて簡単に説明しておく．パルサーは電磁波を規則正しく周期的に放射している天体であり，その正体は中性子星であると考えられている．中性子星は磁極からビームを放射しているのだが，星の回転軸と磁極にずれがあるため，ビームは灯台のようにぐるぐると方向を変えながら放射される．そのビームがちょうど地球を横切る場合は，地球から見てパルサーと認識されるのである．

さて，彼らは，このパルサーからのパルス間隔が約8時間周期で変化していることから，この星が連星系を成しており，ドップラーシフトによりパルス間隔が変化していることを突き止めた．また，星食がないことなどから，もう一方の星も中性子星であることをつきとめた．そして，公転周期の10年以上に及ぶ長期間の観測から，図3.3に示すように，わずかではあるが公転周期が徐々に短くなっていることを発見した．彼らは，この公転周期の減少が，連星系が重力波を放射しそれによって系のエネルギーが失われるために起こるものであることを，一般相対性理論を使って見事に示したのである [3]．これは，重力波が存在することを間接的に実証したものであり，そのサイエンスとしての意義は非常に大きい．この功績を導くもととなった中性子星連星の発見により，彼らは1993年のノーベル物理学賞を受賞した．

なお，中性子星連星の合体は，ショートガンマ線バーストの正体ではないかと考えられている．このため，もしガンマ線バーストと重力波検出が同時期になされ，その到来方向が同じであれば，この仮説を証明することができる．

ところで，中性子星連星はまだ10個程度しか見つかっていない．なぜそれだけしか見つかっていないかというと，中性子星連星を見つけるためには少なく

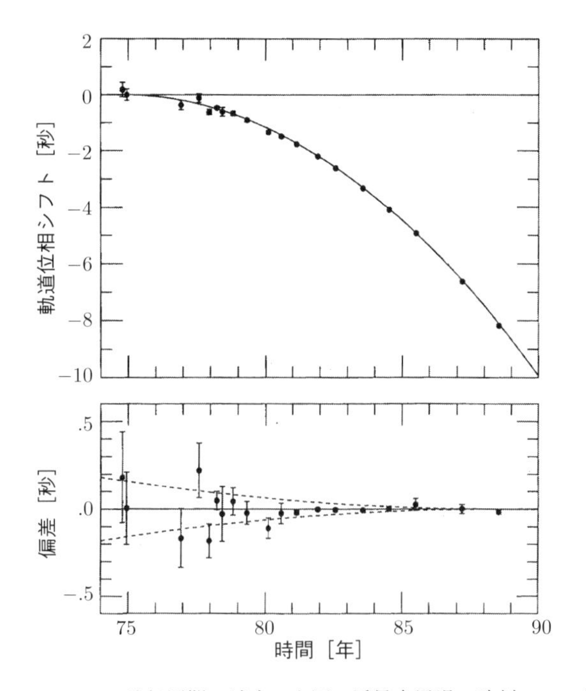

図 3.3　PSR1913+16 の公転周期の減少．上図：近星点通過の時刻の，エネルギーロスがなく公転周期が変化しないとした場合からのずれの積分値．下図：近星点通過の時刻の測定値と，最適なパラメータを使った一般相対性理論による予測値との偏差．点線は公転周期の変化率が 2％ずれた場合を表す（[3] より引用）．

とも一方の星がパルサーであり，その信号が地球に届いている必要があるからである．そして，いったん発見されれば電磁波による観測から，どの程度の時間が経てば合体するかが一般相対性理論を使って計算できる．

では，この宇宙でどの程度の頻度で中性子星連星の合体が起こっているのであろうか？それには，これまでにどの程度の範囲を探し，いくつの中性子連星が見つかっており，それらはどれだけの寿命（合体までの期間）をもつのかを調べればよい．その結果，おおよそ銀河（我々の天の川銀河と同等のもの）1 個あたり 1 万年に 1 回程度の頻度で中性子星連星の合体が起こることになる．また，そのような銀河は 1 Mpc（1 pc = 3.26 光年）立方あたり 0.01 個程度存在すると考えられるので，地球から 100 Mpc の範囲で 1 年に 1 回程度の中性子星連星の合体が起こることが期待できる．ただし，不定性は非常に大きい．

3.1.2 ブラックホール連星

ブラックホールは，非常に強い重力のために点になるまで収縮した星である．太陽質量の 30 倍程度以上の星が超新星爆発を起こしたときに，その中心部分に形成されると考えられている．ブラックホールにはある距離（シュヴァルツシルト半径）まで近づくと光さえも脱出できない事象の地平面が存在する．ブラックホールの質量に制限はないが，例えば太陽程度の質量をもつブラックホールのシュヴァルツシルト半径は 3 km である．ブラックホールの連星は中性子星連星と同様に，重力波を放射し，徐々にエネルギーを失い軌道距離が縮まっていき，やがて合体する．しかし，中性子星連星の場合と違って，合体後の振る舞いも，もし一般相対性理論が正しければ正確に予測でき，重力波の波形も予測できる（図 3.4 参照）[4–6]．逆に，もし観測された重力波の波形が，一般相対性理論で予測されたものと違っていれば，これは強い重力場において一般相対性理論がもはや通用しないことを示唆するものとなる．

なお，ブラックホール連星の合体からの重力波観測は，真空の時空での一般相対性理論のテストとなるものである．これに対して，中性子星を含む連星の

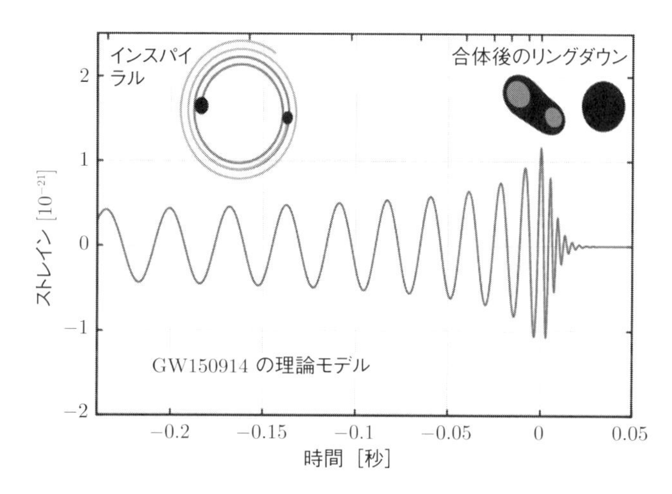

図 3.4 ブラックホール連星からの重力波．特に LIGO により初検出された GW150914 の理論モデルにより計算されたもの．横軸は周波数，縦軸はストレイン．図の上部に対応するフェーズが記されている（Credit: Carlos O. Lousto and James Healy）．

合体においては，非真空の時空での一般相対性理論のテストができることは重要な点である．

なお，ブラックホールには質量のほかにスピンの自由度があるが，現在ではそれも含めてさまざまな質量（比）やスピンをもつブラックホール連星からの重力波が数値相対論的シミュレーションによって計算されている（図 3.5 参照）[7].

ブラックホール連星からの重力波は 2015 年にアメリカの Advanced LIGO により検出された．これについては，第 9 章で詳しく説明する．さて，ブラックホール連星は重力波が初検出されるまでは，まだ見つかっていなかったため，ブラックホール連星の合体の頻度については，中性子星連星のように観測結果に基づいた評価はできなかった．しかし，理論的な研究によると太陽質量の 30 倍程度のブラックホールが，地球から 100 Mpc の範囲で年間最大 1000 回程度起きているという予測もあった．その後，LIGO の観測によりその頻度は，1 Gpc の範囲で年間 9〜240 回と評価されている．

3.1.3　パルサー

パルサーは回転する中性子星である．中性子星は，質量や速度分布の回転軸対称からのずれに伴って重力波を放射する．もしパルサーが完全に軸対称であれば重力波を放射しないが，それは軸対称の回転が周囲の重力場を変化させないことから考えると明らかである．

パルサーの非対称性 ϵ を $\epsilon = (I_1 - I_2)/I$ で定義しよう．ただし，I はパルサーの自転軸まわりの慣性モーメント，$I_{1,2}$ は自転軸に直交する軸まわりの慣性モーメントである．放射される重力波の振幅 h は ϵ を用いて，

$$h = 4 \times 10^{-26} \times \left(\frac{\epsilon}{10^{-6}}\right)\left(\frac{I}{10^{38}\,\mathrm{kg\,m^2}}\right)\left(\frac{r}{1\,\mathrm{kpc}}\right)^{-1}\left(\frac{f_s}{100\,\mathrm{Hz}}\right)^2 \tag{3.1}$$

となる．ここで r はパルサーと観測者の距離，f_s は自転の周波数である．パルサーからやってくる重力波信号の周波数は自転の周波数の 2 倍となる．これは重力波の放射が四重極放射であるためである．

中性子星の非対称性の原因としては，生成されたときの残留非対称性やその後の質量降着などが考えられ，非対称性の大きさは中性子星の状態方程式に依存するが，状態方程式そのものはよくわかっていない．したがって，重力波の

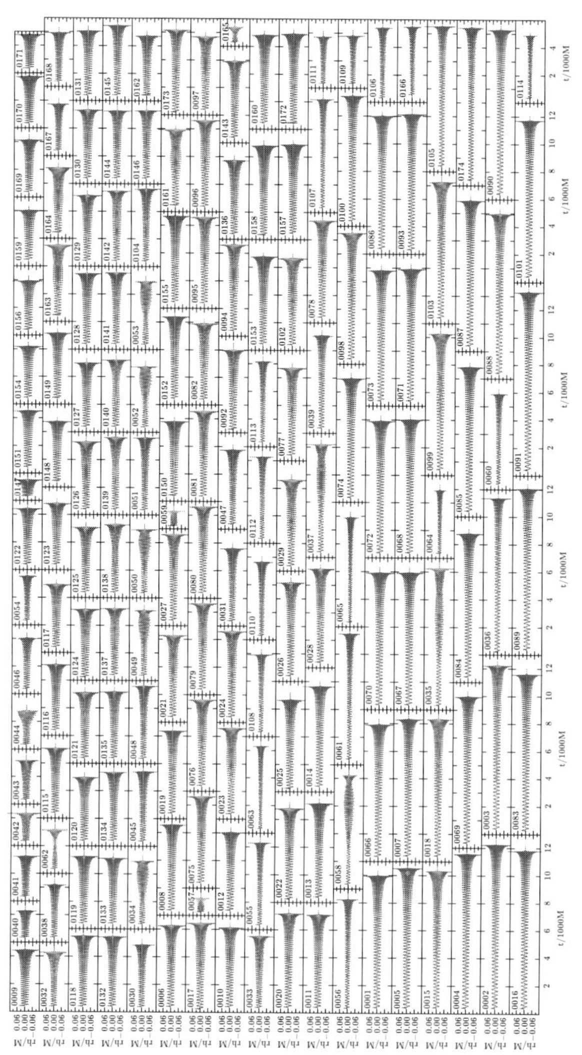

図 3.5 さまざまなブラックホール連星から放射される重力波．各図において重力波の 2 つのモードの波形が示されている．横軸は時間であり，質量の和が太陽質量の 20 倍のブラックホール連星に対して $1000\,M = 0.1\,\mathrm{s}$ である（[7] より引用）．

観測により，パルサーから放射される重力波の大きさがわかれば，そのパルサーの非対称性がわかり，多くのパルサーについての観測を行うことで，非対称性のメカニズムや中性子星の状態方程式についても何らかの知見が得られることが期待できる．

パルサーは重力波を放射するとエネルギーを失い，回転のスピードが減速するはずである．逆に，電磁波による観測から得られる回転周期の減少率から放射できる重力波の上限を決めることができる．

パルサーは，超新星 SN1054 の残骸のかに星雲に存在するかにパルサーや，帆座パルサーなど多くのものが見つかっているが，放射するビームが地球にはやってこないパルサーも多数存在すると考えられるので，重力波源としては非常に豊富に存在する．

3.1.4　超新星爆発

（重力崩壊型）超新星爆発は，大質量の星がその一生を終えるときに起こる大爆発である．超新星爆発はその爆発のメカニズムすら完全にはわかっておらず，ましてや放射される重力波の大きさや波形に関してもよくわかっていない．ただし，一般相対性理論によると球対称の爆発からは重力波は放射されない．

超新星爆発の重力波放射のメカニズムとしては，例えば親星が回転している重力崩壊型超新星爆発について，以下のようなモデルが提唱されている．爆縮が進み，ニュートリノ球が形成され，中心密度が核密度を超えると，コアバウンスが起き，重力波が発生する．この重力波は 60～600 Hz のスパイク状の波形をもつと考えられる．

さらに，衝撃波がニュートリノ球を通過する際，自由陽子の電子捕獲が起こり電子の密度が低下し，衝撃波が停滞する．この停滞した衝撃波により，ランダムな重力波が発生すると考えられる．その後，衝撃波はニュートリノ加熱によって復活し超新星爆発を誘起するが，このニュートリノ加熱の際に，質量が中性子核に落下することにより，再び重力波が発生すると考えられる．このニュートリノ加熱爆発に伴って放射される重力波の主たる起源は，加熱によってコア内で駆動される対流，衝撃波自体の流体不安定性，コアの高速回転に起因する非軸対称運動であることがわかってきている [8]．

したがって，超新星爆発からの重力波の放射プロセス解明のためには，時空の動力学やニュートリノと物質の相互作用を数値シミュレーションで精密に解くことが不可欠であり，スーパーコンピューターの性能や数値シミュレーション技法の発達に伴って，今後は，定量的理解がより一層進んでいくことが期待できる．

超新星爆発は 1 つの銀河あたり 40 年程度に 1 回の割合で起きると考えられている．1987 年には我々の銀河からそう遠くないマゼラン銀河で超新星爆発が起こり，そこからのニュートリノを発見したことで小柴昌俊氏がノーベル物理学賞を受賞したが，それ以来，我々の銀河およびその近傍では超新星爆発は観測されていない．

3.1.5 初期宇宙

初期宇宙からの重力波はもっともエキサイティングな重力波源である．なぜなら，宇宙が誕生して 38 万年の間は電子と陽子が電離したプラズマ状態にあるため，電磁波はまっすぐ飛べず，したがって電磁波によって誕生後 38 万年以前の宇宙を直接観測することはできない．しかし，重力波は宇宙誕生後プランク時刻以降すぐに伝播できるので，そのときに発生した重力波を検出することにより，宇宙創成直後の直接観測も可能である（図 3.6 参照）．例えば，宇宙の平坦性問題，地平線問題，モノポール問題などを解決するために，宇宙誕生後 10^{-34} 秒後のころにインフレーションという急激な膨張が起こったと考えられているが，この際，時空の量子的な揺らぎにより重力波が発生することが予測されている．そしてその重力波はインフレーションによって引き伸ばされ，現在も至るところを伝播している（背景重力波）と考えられている．したがって，もしインフレーションからの重力波を検出できれば，インフレーションの検証になるだけでなく，インフレーションがいつ起こったかを直接知ることができる．

背景重力波の強度は無次元量 $\Omega_{\mathrm{GW}}(f)$ で表される：

$$\Omega_{\mathrm{GW}}(f) = \frac{1}{\rho_{\mathrm{critical}}} \frac{d\rho_{\mathrm{GW}}}{d\ln f}. \tag{3.2}$$

ここで f は考える背景重力波の周波数，$d\rho_{\mathrm{GW}}$ は周波数 f から $f+df$ の間の背景重力波のエネルギー密度である．また ρ_{critical} は宇宙を閉じさせるための臨

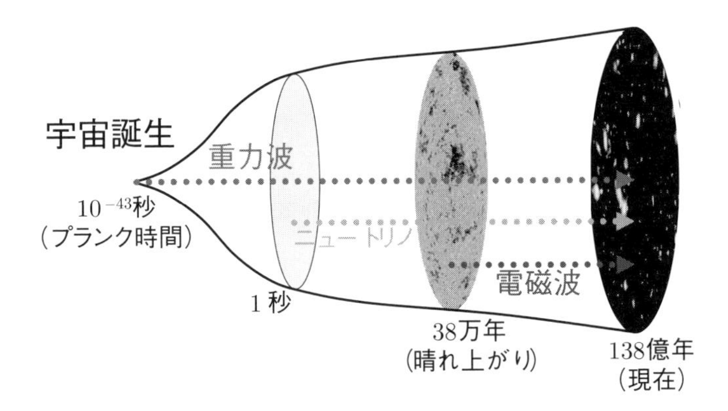

図 3.6　初期宇宙の探索手段とその限界．電磁波では宇宙誕生後 38 万年後に起こった晴れ上がりの時期以降しか直接観測はできない．ニュートリノでは，1 秒後まで直接観測が可能である．重力波では，原理的には宇宙誕生の瞬間まで直接観測が可能である．

界密度であり，

$$\rho_{\mathrm{critical}} = \frac{3c^2 H_0^2}{8\pi G} \simeq 1.6 \times 10^{-9} \left(\frac{H_0}{100\,\mathrm{km/s/Mpc}} \right) \mathrm{J/m^3} \tag{3.3}$$

である．ここで，H_0 は現在のハッブル定数である．インフレーションから発生する重力波の大きさとしては $\Omega_{\mathrm{GW}} \sim 10^{-15}$ 程度ではないかと推測されている．また，インフレーションからの重力波の周波数依存性がわかれば，インフレーション後の宇宙の熱史に関して，特にビッグバンがいつ起こったかについての知見を得ることができる．

3.2　マルチメッセンジャー天文学

従来の天文学は，電波，マイクロ波，赤外線，光学，X 線，ガンマ線などの電磁波の観測により進められてきた．波長の違う電磁波により新しい宇宙の窓が開かれるたびに新しい宇宙の姿が見えてきた．そしてニュートリノや宇宙線による宇宙の観測も加わり，天文学がさらに発展してきた．さらに，重力波の検出によりまったく新しい宇宙の窓が開かれたのである．この新しい観測手段は，従来の観測手段とはまったく異なるため，これまでは見えなかったようなものが新たに見えてくることが期待できる．実際，初検出された重力波の発生源はブラックホール連星であり，電磁波やニュートリノでは観測不可能なものであった．しかし，重力波源には，当然のことながら，電磁波やニュートリノを放射する機構をもつものもある．そのような重力波源の場合は，重力波と電磁波・ニュートリノの観測を同時に行うことにより，単独の手段による観測では得られないような価値のある天文学の情報が得られる可能性がある．これがマルチメッセンジャー天文学である．

マルチメッセンジャー天文学を可能にするには，重力波検出器と電磁波検出器の間で情報の迅速なやりとりが必要である．重力波信号候補の検出があれば，ただちにその情報，特に到来方向の情報を電磁波の観測器に提供し，その到来方向を観測してもらう必要がある．また，電磁波観測器からの検出情報を受け，その時刻に対応する重力波データの解析を行うことも重要である．

これを実現するために特に重要なのは，重力波の測定において重力波源の到来方向を精度よく決めることである．これには検出器が 3 台必要である．また，干渉計の突発的雑音による誤報をなるべく少なくするためにも，検出器自体の非定常雑音の改善とともに，より多くの検出器による誤検出の除去が必要である．

3.2.1 中性子星／中性子星連星あるいは中性子星／ブラックホール連星の合体

ガンマ線バーストは 1967 年に初めて見つかった，ガンマ線が数十ミリ秒〜数時間の間，閃光のように観測される現象である．中でも継続時間が 2 秒以下のものはショートガンマ線バーストと呼ばれている．そして，ショートガンマ線バーストの正体は中性子星／中性子星連星あるいは中性子星／ブラックホール連星（以下簡単のため，単に「中性子星連星」と呼ぶ）の合体ではないかと考えられている．ただし，この仮説のもとでガンマ線バーストの放射される方向は 10 度程度に限られていると予想されているため，すべての中性子星連星の合体がショートガンマ線バーストを放射する天体として観測されるわけではない．

しかし，もし中性子星連星の合体から予想される波形をもつ重力波信号が見つかり，ショートガンマ線バーストも同時に，そして同じ方向に観測されれば，この仮説が裏付けられることになる．また，たとえ重力波信号は見つかったがショートガンマ線バーストは見つからなかったとしても，合体後には数日〜数週間後に電磁波をより広い角度に出すことが予想されるため，ガンマ線は見つからなくても残光が観測される可能性は十分にある（図 3.7 参照）[9]．したがって，中性子星連星の合体からの重力波信号が検出されその方向がわかった場合は，電磁波の観測器でその方向をしばらく観測することが極めて重要である．

また，中性子星連星の合体は r 過程元素の起源である可能性もある．r 過程とは，金やウランなど中性子を多く含む鉄より重い元素を合成する過程のことで

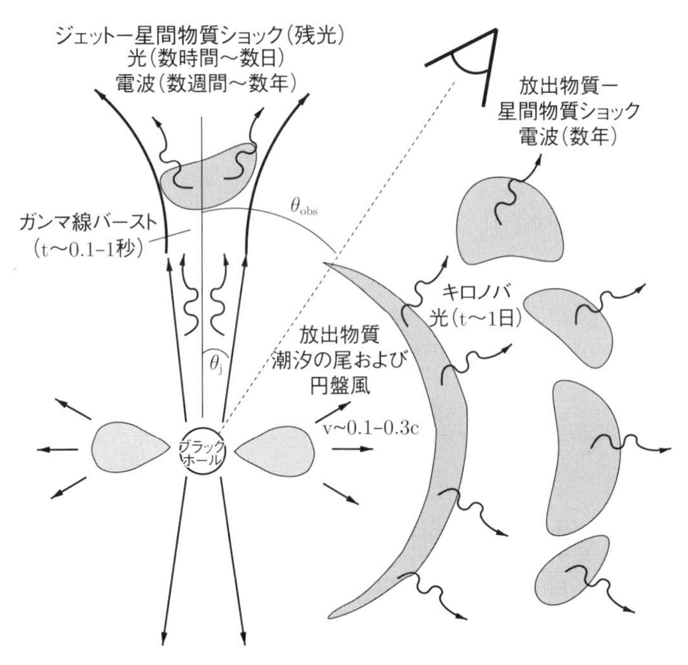

図 3.7　中性子星連星の合体から放射される電磁波．合体後，形成されたブラックホールのまわりの円盤からの降着がジェットを引き起こし，2 秒以下のショートガンマ線バーストが放射される．ガンマ線バーストの放射方向は $\theta_{\rm obs} \lesssim \theta_{\rm j}$ に限定される．また，ジェットとまわりの物質との相互作用により残光が放射される．可視光の残光の放射範囲は $\theta_{\rm obs} \lesssim 2\theta_{\rm j}$ であり，数日から数週間続く．そして，数週間から数か月後にジェットの速度が遅くなった後は，電波の残光があらゆる方向に放射される．また，合体時に飛散する速度の遅い放出物質によって数年後にも放射される．さらに，放出物質で合成される重元素の放射性崩壊により，全方向に可視光および赤外線の放射が数日間続く（マクロノバ，あるいはキロノバ）と期待される（ [9] より引用）．

あり，重元素の約半分がこの過程を経ると考えられている．もちろん超新星爆発もｒ過程元素の起源である可能性はあるため，中性子星連星合体の詳細がわかれば，どちらが支配的であるかが判明することが期待できる．

3.2.2 パルサー

あるパルサーが電磁波で観測可能であれば，重力波信号のデータ解析の際に有用な情報を与えることができる．特に，そのパルサーにグリッチ（パルスの到来時間が突然変化する現象）が存在する場合は非常に重要である．もし，グリッチの情報なしに連続波に対するデータ解析を続けた場合，グリッチの前後でデータ解析の相関のキャンセルが起こってしまい，うまく信号を抽出できなくなってしまう．しかし，電磁波により得られたグリッチのデータがあれば，重力波信号のテンプレートをグリッチを境に変更することにより，グリッチの前後を通じて最適なデータ解析結果が得られる．

3.2.3 超新星爆発

超新星爆発からは電磁波，ニュートリノ，重力波のすべてがほぼ同時に放射されることが期待されるので，これらの同時検出により，超新星爆発のメカニズムに関する重要な知見が得られることが期待できる．

3.3 重力波観測の発展的応用

重力波の観測を行うことにより，その重力波を放射する天体の詳しい情報がわかるだけでなく，さまざまな興味深いサイエンスを引き出すことも可能である．以下に，考えられるいくつかのサイエンスを示す．

3.3.1 宇宙の膨張の加速度の直接計測

現在の宇宙の構成要素は原子 4％，ダークマター 23％，ダークエネルギー 73％と推定されている．ダークエネルギーは近年の超新星の観測によって新たに考え出された概念であり，これは基本的にはアインシュタインが考えだし，その後取り下げた宇宙項と本質的に同様の働きをするものである．ダークエネルギーは物質を離れる方向に向かわせようとするものであり，アインシュタインはこれを考えることにより，引力と釣り合わせて，定常宇宙を実現しようとしたのである．しかし，実際は宇宙は膨張しているので，もし遠距離において引力だけが支配的に働くのであれば，その膨張は減速するであろう．しかし超新星の観測により，実際は膨張は加速していることがわかったのである．つまり，物質を離れる方向に向かわせようとする何らかの機構が存在し，それをダークエネルギーと名付けたのである．

遠方の天体からやってくる重力波は，宇宙の膨張に伴って赤方偏移を受ける．そして，膨張が加速している場合はさらに重力波の位相のずれを引き起こすため，重力波の波形の正確な測定から，宇宙の膨張の加速度を直接計測できる可能性がある [10]．これは，ダークエネルギーの解明にとっての重要な情報を提供するものとなる．

3.3.2　重力波の余剰次元へのしみだし

超ひも理論においては，我々の住む4次元（時間1，空間3）の世界以外に余剰次元（7次元等）があるとする．そして，その11次元等の世界の中にある膜の中に我々の世界があると考える．これがブレーンワールドである．この理論においては，強い力，弱い力，電磁気力，重力の4つの力のうち重力だけが突出して弱く，ほかの力と統一的に扱うのが難しいという事実を，重力だけが余剰次元にしみだしていけると考えて説明する．しかし，それを検証する手段はほとんどない．しかし，重力波を使えばそれが可能であるかもしれない．例えば，もし遠方の天体からやってくる重力波の一部が余剰次元にしみだしていれば，地球上で観測される重力波の強度がその分小さくなるはずであり，それを利用すれば余剰次元の存在の検証ができるはずである．

第4章 レーザー干渉計による重力波の検出

4.1 基本原理

レーザー干渉計を用いた重力波検出の原理は非常にシンプルである．図 4.1 に示されるような，懸架された鏡やビームスプリッターから構成されるマイケルソンレーザー干渉計を考えよう．レーザーから出射された光は，まずビームスプリッターで半分は透過，残りの半分は反射する．それぞれのビームは遠方にある鏡で反射され，ビームスプリッターに戻ってくる．もし 2 つのビームがきちんと重なるように鏡などのアラインメントがとれているならば，2 つのビームは干渉し，検出ポートとレーザーの方に向かう干渉光を生じさせる．これらの干渉光は 2 つのアームの光路長差に応じて明暗が決まる．

干渉計の光検出器に入射するレーザーの電場は以下のように表すことができる．

$$E_{\mathrm{PD}} = \frac{1}{2} E_{\mathrm{inc}} \left(e^{-2i\phi_X} - e^{-2i\phi_Y} \right). \tag{4.1}$$

ここで，E_{inc} はビームスプリッターに入射するレーザーの電場であり，$2\phi_X$ と $2\phi_Y$ はレーザーがそれぞれのアームを往復することで受ける位相変化である．レーザーの波長が λ，それぞれのアームの長さが ξ_X と ξ_Y であるとき，$2\phi_X = 4\pi\xi_X/\lambda$，$2\phi_Y = 4\pi\xi_Y/\lambda$ である．

すると干渉光のパワーは，

$$P_{\mathrm{PD}} = \frac{1}{2} P_{\mathrm{inc}} (1 - \cos 2\phi_-) \tag{4.2}$$

となる．ここで，P_{inc} はビームスプリッターに入射するビームのパワーであり $2\phi_- \equiv 2(\phi_X - \phi_Y) = 2\pi(2\xi_X - 2\xi_Y)/\lambda$ は，レーザーがそれぞれのアームを往

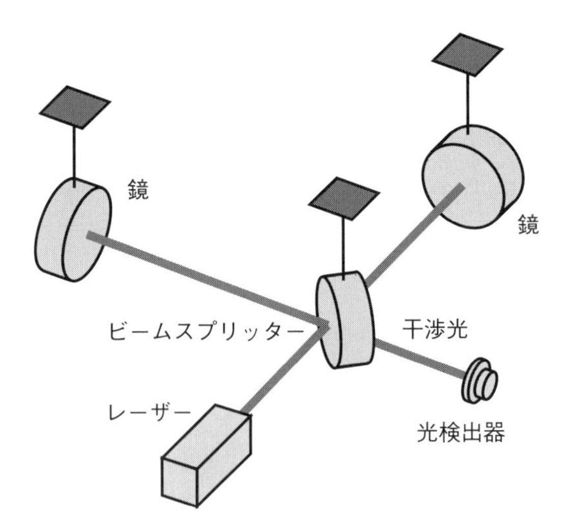

図 4.1　マイケルソンレーザー干渉計型重力波検出器．レーザー，ビームスプリッター，2 枚の鏡，光検出器で構成される．鏡とビームスプリッターは懸架されている．

復することで受ける位相変化の差である．したがって，往復の光路長差が光の波長分だけ変化すると，干渉光は図 4.2 のように“暗”から“明”になり再び“暗”に戻る．

この干渉計の面に垂直な方向から，干渉計のアームに沿った偏極をもつ重力波がやってきたとしよう．すると，2 つのアームの光路長は差動的に変化するので干渉光の明暗が変化し，それを測定することにより重力波の検出が可能となる．

ここでいくつかの注意が必要である．まずは，干渉計が重力波に対して感度をもつためには，鏡が自由質点として振る舞う必要があるということである．もし，完全なる剛体に鏡やビームスプリッターが固定されていたら，干渉計は重力波に対して感度をもたない．そこで，鏡等は吊り下げられているわけだが，これが自由質点として振る舞うためには，考えている周波数領域が，振り子の共振周波数より十分に高い必要がある．30 cm 程度の長さの振り子の共振周波数は約 1 Hz であるので，数 Hz 程度以上の周波数をもつ重力波に対しては感度をもつといえる．

もう一つの重要な点は，干渉計は実際にはどのようにして重力波に応答して

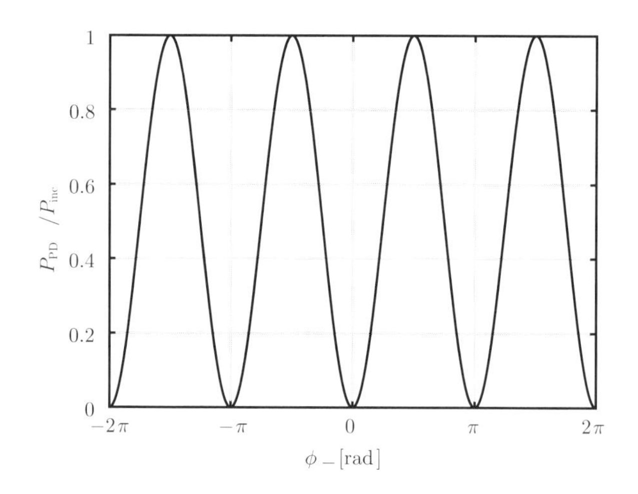

図 4.2 干渉計の光検出器に入射するレーザーパワーの変化．横軸は光が 2 本のアームを伝播する（片道）際に受ける位相変化の差である．縦軸は光検出器における干渉光のパワーを入射光のパワーで規格化したものである．なお，光学的ロスはなく，干渉計のアラインメントも完全であると仮定されている．

いるのかということである．先ほど，「2 つのアームの光路長は差動的に変化するので」と書いたが，これは鏡が動いているのか，空間の性質が変わり光の見かけの速度が変わっているのかという疑問である．これに対する答えのカギは座標系のとり方にある．すでに，第 2 章で説明したように TT 座標の下では，重力波の影響は光の見かけの速度の変化として現れ，自由質点は動かない．一方，局所慣性系においては，自由質点は動き光の見かけのスピードは一定となる．重要なことは，いずれの座標系を用いても重力波によって引き起こされる干渉光の明暗の変化という観測可能な物理量は，当然のことながら同じ値となる．もちろん，局所慣性系による描像は，干渉計のサイズが考えている重力波の波長と比べて十分に短い場合にのみ有効であるのに対して，TT 座標系はいかなる場合にも有効である．

ここで，干渉計の重力波に対する応答を TT 座標の下で導こう．z 方向に進む + モードの重力波 $h(t)$ が存在する場合を考える．すると，x 軸方向を往復する光子の微小世界線長さ ds は，

$$ds^2 = -c^2dt^2 + [1 + h(t)]dx^2 = 0 \tag{4.3}$$

を満たす．したがって，$|h(t)| \ll 1$ であり，$dx/dt > 0$ とすると，

$$\left[1 - \frac{1}{2}h(t)\right] c\,dt = dx \tag{4.4}$$

となる．光が X アームを往復するのにかかる時間を Δt_X として，式 (4.4) の両辺を時刻 $t - \Delta t_X$ から t まで積分すると

$$\Delta t_X = \frac{2\xi_X}{c} + \frac{1}{2}\int_{t-\Delta t_X}^{t} h(t')dt' \tag{4.5}$$

と書ける．上式の右辺の Δt_X に，上式を再帰的に代入すると，

$$\Delta t_X = \frac{2\xi_X}{c} + \frac{1}{2}\int_{t-2\xi_X/c}^{t} h(t')dt' \tag{4.6}$$

となる．したがって，光が X アームを往復する間に受ける位相変化 $2\phi_X(t)$ は，

$$2\phi_X(t) = \omega_l \Delta t_X \tag{4.7}$$

$$= \frac{2\xi_X \omega_l}{c} + \frac{\omega_l}{2}\int_{t-2\xi_X/c}^{t} h(t')dt' \tag{4.8}$$

となる．Y アームについても同様に考えると，光子が Y アームを往復する間に受ける位相変化 $2\phi_Y(t)$ は，

$$2\phi_Y(t) = \frac{2\xi_Y \omega_l}{c} - \frac{\omega_l}{2}\int_{t-2\xi_Y/c}^{t} h(t')dt' \tag{4.9}$$

となる．

両アームの長さを $\xi_X \simeq \xi_Y \simeq l$ (ただし，$l_- \equiv \xi_X - \xi_Y \neq 0$) とすると，両アームで光が受ける位相変化の差 $2\phi_-(t)$ は，

$$2\phi_-(t) = \frac{2l_-\omega_l}{c} + \omega_l \int_{t-2l/c}^{t} h(t')dt' \tag{4.10}$$

$$\equiv \frac{2l_-\omega_l}{c} + \delta\phi_{\mathrm{GW}}(t) \tag{4.11}$$

となる．上式の右辺の第 1 項はビームスプリッターから 2 つの鏡までの距離の違いによる静的な位相差，第 2 項は重力波の影響による位相差を表している．

次に干渉計の周波数応答を考える．$h(t)$ を Fourier 変換すると，

$$h(t) = \int_{-\infty}^{\infty} h(\omega) e^{i\omega t} d\omega \tag{4.12}$$

となるから，式 (4.11) より，$\delta\phi_{\mathrm{GW}}(t)$ は，

$$\begin{aligned} \delta\phi_{\mathrm{GW}}(t) &= \omega_{\mathrm{l}} \int_{t-2l/c}^{t} h(t')dt' \\ &= \omega_{\mathrm{l}} \int_{t-2l/c}^{t} \int_{-\infty}^{\infty} h(\omega) e^{i\omega t} d\omega dt' \\ &= \int_{-\infty}^{\infty} \frac{2\omega_{\mathrm{l}}}{\omega} \sin\left(\frac{\omega l}{c}\right) e^{-i\frac{\omega l}{c}} h(\omega) e^{i\omega t} d\omega \end{aligned} \tag{4.13}$$

となり，

$$H_{\mathrm{MI}}(\omega) \equiv \frac{2\omega_{\mathrm{l}}}{\omega} \sin\left(\frac{\omega l}{c}\right) e^{-i\frac{\omega l}{c}} \tag{4.14}$$

とすれば，

$$\delta\phi_{\mathrm{GW}}(t) = \int_{-\infty}^{\infty} H_{\mathrm{MI}}(\omega) h(\omega) e^{i\omega t} d\omega \tag{4.15}$$

となる．一方で，$\delta\phi_{\mathrm{GW}}(t)$ を Fourier 変換すると，

$$\delta\phi_{\mathrm{GW}}(t) = \int_{-\infty}^{\infty} \delta\phi_{\mathrm{GW}}(\omega) e^{i\omega t} d\omega \tag{4.16}$$

と書ける．ここで，式 (4.15) と式 (4.16) を比較すると，

$$\delta\phi_{\mathrm{GW}}(\omega) = H_{\mathrm{MI}}(\omega) h(\omega) \tag{4.17}$$

となる．したがって，$H_{\mathrm{MI}}(\omega)$ が角周波数 ω の重力波に対する干渉計の周波数応答関数となっていることがわかる．

干渉計の重力波に対する周波数応答を図 4.3 に示す．ここでは，アーム長を 3 km とし，縦軸としては重力波の単位ストレインの引き起こす光の位相変化をとっている．この図より，周波数依存性は DC から 20–30 kHz 程度まではフラットであり，干渉計の周波数応答がブロードバンド特性をもっていることがわかる．ただし，光のアームにおける往復の滞在時間と同じ周期をもつ重力波に対しては，光の行きと帰りで重力波が光に引き起こす位相変化の符号が逆に

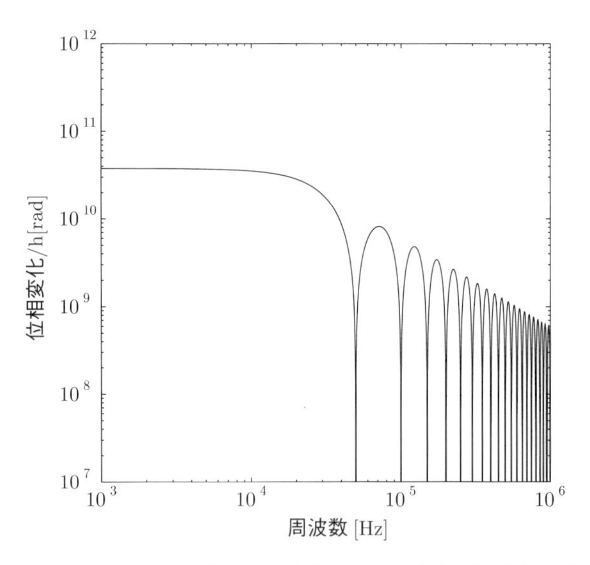

図 4.3　マイケルソンレーザー干渉計の重力波に対する応答の周波数依存性．横軸は周波数，縦軸は重力波の単位ストレインの引き起こす光の位相変化をとっている．アーム長は 3 km を仮定している．

なるので，その効果がキャンセルし応答がゼロとなる．これは周波数でいうと 50 kHz に対応する．さらに高い周波数においては，重力波の周期の整数倍が，光の往復滞在時間と一致するような周波数（50 kHz の整数倍）において応答がゼロになる．また，その途中の周波数においてはキャンセルされなかった効果のみが残るため，高い周波数にいくに従い応答は小さくなっていく．

また，一定の角周波数 ω_{GW} をもつ重力波に対する干渉計の感度のアーム長に対する依存性は，式 (4.14) より，

$$H_{\mathrm{MI}}(l) = \frac{2\omega_{\mathrm{l}}}{\omega_{\mathrm{GW}}} \sin\left(\frac{\omega_{\mathrm{GW}} l}{c}\right) e^{-i\frac{\omega_{\mathrm{GW}} l}{c}} \tag{4.18}$$

となる．これを図示すると，図 4.4 のようになる．ただし，重力波の周波数としては 100 Hz を考えている．また，縦軸は重力波の単位ストレインの引き起こす光の位相変化である．

この図はアーム長が短いときは，干渉計の感度がアーム長に比例してよくなることを示している．その理由は，アーム長が長いほど光と重力波の相互作用

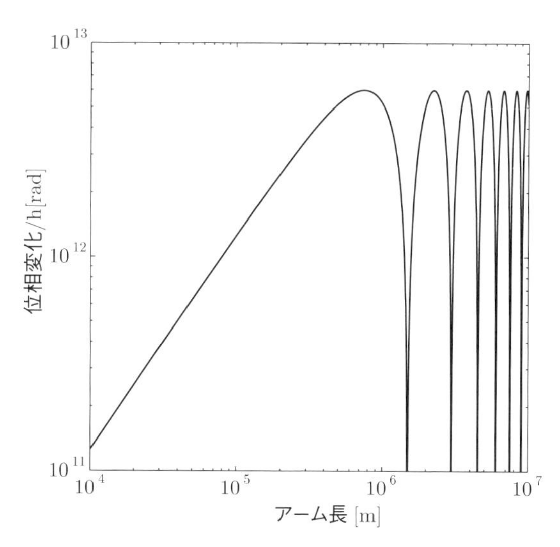

図 4.4 マイケルソンレーザー干渉計の重力波に対する応答のアーム長依存性．横軸はアーム長，縦軸は重力波の単位ストレインの引き起こす光の位相変化である．重力波の周波数は 100 Hz を仮定している．

の時間が長くなり，重力波の引き起こす光の位相変化が大きくなるためである．ただし，光の往復滞在時間が重力波の周期と一致する，つまり，光の往復距離が重力波の波長と一致するようなアーム長においては，重力波の効果は完全にキャンセルする．また，アーム長をそれ以上に長くしても，光に対する重力波の効果のキャンセルが起こるため，感度をそれ以上に改善することはできない．

次に干渉計の重力波に対する応答の方向依存性を導こう．図 4.5 に示すような極座標を考える．この座標系は，干渉計のビームスプリッターを原点とし，x 軸と y 軸を 2 つのアームと重なるようにとってある．いま重力波源が $(r\sin\theta\cos\phi, r\sin\theta\sin\phi, r\cos\theta)$ (ただし $0 \leq \theta < 2\pi$，$0 \leq \phi < \pi$) にあり，(x', y', z') 座標系において，

$$h'_{ij} = \begin{pmatrix} h_+ & h_\times & 0 \\ h_\times & -h_+ & 0 \\ 0 & 0 & 0 \end{pmatrix}_{ij} \cos[\omega_{\mathrm{GW}}(t + z'/c)] \tag{4.19}$$

という重力波を干渉計に向けて放出している場合を考える．

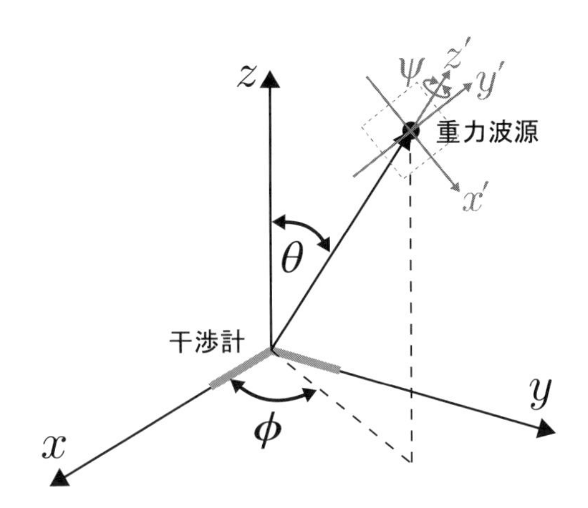

図 4.5　干渉計に対する重力波の方向と偏極の軸を規定するために用いる極座標系．干渉計は原点に位置し，その 2 本のアームは x 軸方向と y 軸方向に伸びているとする．

z 軸を重力波源の方向に回転させる行列は，

$$R(\theta,\phi) = R(\phi)R(\theta) \tag{4.20}$$

と書ける．ここで，

$$R(\phi) = \begin{pmatrix} \cos\phi & \sin\phi & 0 \\ -\sin\phi & \cos\phi & 0 \\ 0 & 0 & 1 \end{pmatrix}, \quad R(\theta) = \begin{pmatrix} \cos\theta & 0 & \sin\theta \\ 0 & 1 & 0 \\ -\sin\theta & 0 & \cos\theta \end{pmatrix} \tag{4.21}$$

である．まず，$\psi = 0$ の場合，つまり (x, y, z) 座標系に回転行列 $R(\theta,\phi)$ を作用させると，x 軸と x' 軸，y 軸と y' 軸が平行になる場合を考える．すると，(x, y, z) 座標系における重力波は，

$$h_{ij}(\theta,\phi,\psi=0) = R(\theta,\phi)h'_{ij}R^{-1}(\theta,\phi) \tag{4.22}$$

となる．いま，干渉計の 2 つのアームが x 軸と y 軸と重なっているので，h_{ij} の 11 成分と 22 成分を考えればよく，

$$h_{11}(\theta,\phi,\psi=0) = h_+(\cos^2\theta\cos^2\phi - \sin^2\phi) + 2h_\times\cos\theta\sin\phi\cos\phi, \quad (4.23)$$

$$h_{22}(\theta,\phi,\psi=0) = h_+(\cos^2\theta\sin^2\phi - \cos^2\phi) - 2h_\times\cos\theta\sin\phi\cos\phi \quad (4.24)$$

である．したがって，

$$\frac{(h_{11}-h_{22})(\theta,\phi,\psi=0)}{2} = \frac{1}{2}h_+(1+\cos^2\theta)\cos 2\phi + h_\times\cos\theta\sin 2\phi \quad (4.25)$$

が干渉計で検出される．ここで，(x', y', z') 座標系を ψ だけ回転させる座標変換を考えると，h_{ij} は 2 階のテンソルなので，

$$h_+ \to h_+\cos 2\psi - h_\times\sin 2\psi, \quad (4.26)$$

$$h_\times \to h_+\sin 2\psi + h_\times\cos 2\psi \quad (4.27)$$

となることを考慮すると，結局，図 4.5 のような座標系においては，

$$\begin{aligned}\frac{(h_{11}-h_{22})(\theta,\phi,\psi)}{2} =& h_+\left[\frac{1}{2}(1+\cos^2\theta)\cos 2\phi\cos 2\psi + \cos\theta\sin 2\phi\sin 2\psi\right] \\ &+ h_\times\left[-\frac{1}{2}(1+\cos^2\theta)\cos 2\phi\sin 2\psi + \cos\theta\sin 2\phi\cos 2\psi\right]\end{aligned} \quad (4.28)$$

が干渉計で検出されることになる．

したがって，干渉計応答の方向依存性は+モードと × モードに対してそれぞれ，

$$F_+(\theta,\phi,\psi) = \frac{1}{2}(1+\cos^2\theta)\cos 2\phi\cos 2\psi + \cos\theta\sin 2\phi\sin 2\psi, \quad (4.29)$$

$$F_\times(\theta,\phi,\psi) = -\frac{1}{2}(1+\cos^2\theta)\cos 2\phi\sin 2\psi + \cos\theta\sin 2\phi\cos 2\psi \quad (4.30)$$

のようになる．また，無偏極の重力波に対しては，

$$\begin{aligned}F_{\mathrm{N}}(\theta,\phi,\psi) &\equiv \sqrt{F_+^2(\theta,\phi,\psi) + F_\times^2(\theta,\phi,\psi)} \\ &= \sqrt{\frac{1}{4}(1+\cos^2\theta)^2\cos^2 2\phi + \cos^2\theta\sin^2 2\phi}\end{aligned} \quad (4.31)$$

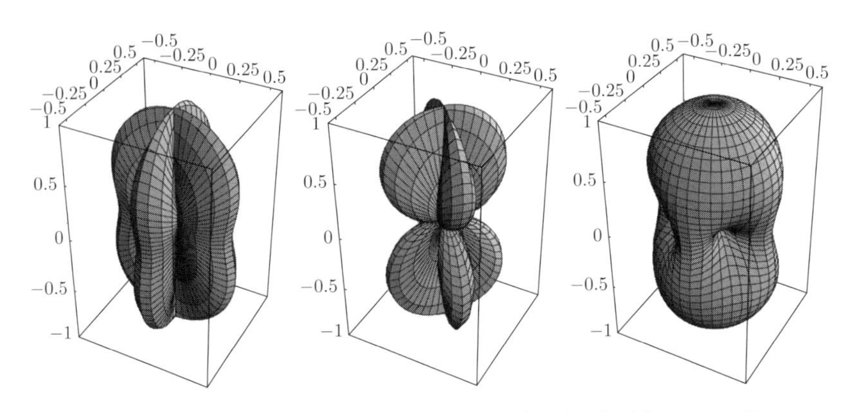

図 4.6　干渉計の重力波に対するアンテナパターン．左からそれぞれ，＋モード，× モード，無偏極の重力波に対する応答の大きさを表す．なお，最大の応答を 1 として規格化している．

のようになる．$\psi = 0$ としたときの，それぞれの場合の方向依存性を図 4.6 で示す．

これによると，干渉計は干渉計の作る面に垂直な方向からやってくる＋モードの重力波に対してもっとも感度が高い．そして，面内のアーム軸に平行な方向からやってくる＋モードの重力波に対しては，その応答は最大の場合の 2 分の 1 になる．また，面内でアーム軸から 45 度ずれた方向からやってくる重力波に対しては，まったく感度がない．これらはすべて，直観的に明らかであろう．なお，図 4.6 の × モードに対するアンテナパターンにおいては，一見，干渉計の作る面に垂直な方向からやってくる重力波に対して感度があるように見えるが，これは極座標の定義に基づく見かけ上のものであって，実際には感度はその点でゼロとなっている．ここでもっとも重要なことは，無偏極の重力波に対するアンテナパターンを見るとわかるように，干渉計は，一部の方向を除いて，どの方向からやってくる重力波に対してもある程度の感度をもつということである．これは，電磁波等の望遠鏡・検出器と比べて大きく違う点である．

4.2 検出器の雑音源

干渉計の感度を決めるもっとも基本的な雑音は，地面振動雑音，熱雑音，量子雑音の 3 つである．また，これらの雑音以外にも，干渉計にはさまざまな雑音源が存在する．干渉計の感度を上げ重力波を検出するためには，これらすべての雑音をできるかぎり低減する必要がある．このセクションでは，各雑音源が干渉計の出力に雑音となって現れるメカニズムと，その雑音を低減するための対策，そして具体的にどのようなことをすれば重力波が検出できる感度が達成できるのかについて説明する．

その前に雑音の理解に必要ないくつかの事項を説明しておく．

まず，重力波検出実験で感度や雑音を表すときによく用いられる物理量である，リニアースペクトル密度について説明しよう．ある時間領域でのランダムな物理量 $x(t)$ に対して，パワースペクトル密度 $S_x(f)$ の定義は，

$$x_T(f) = \int_{-T/2}^{T/2} dt\, x(t) \mathrm{e}^{-2i\pi ft}, \tag{4.32}$$

$$S_x(f) = \lim_{T\to\infty} \frac{1}{T} \left\langle x_T^\dagger(f) x_T(f) + x_T(f) x_T^\dagger(f) \right\rangle \tag{4.33}$$

である．ここで，$x_T(f)$ は $x(t)$ の周波数領域での量であり，$\langle \cdots \rangle$ はアンサンブル平均を表す．パワースペクトル密度 $S_x(f)$ は物理量 $x(t)$ の揺らぎの 2 乗の周波数成分を表す．リニアースペクトル密度 $\delta x(f)$ は，パワースペクトル密度のルート，すなわち，

$$\delta x(f) = \sqrt{S_x(f)} \tag{4.34}$$

で表される．リニアースペクトル密度の単位は，例えば物理量が長さの場合，$\mathrm{m}/\sqrt{\mathrm{Hz}}$ となる．

リニアースペクトル密度を使うことの利点は，ある帯域における 2 乗平均のルート（Root Mean Square (RMS)；その帯域でどの程度揺れているかを表す）を求めるためには，このリニアースペクトル密度に帯域幅のルートをかければよいので直感的に理解しやすい点にある．例えば，干渉計の感度が 100 Hz〜200 Hz で，重力波のストレインに対して，$10^{-23}\ 1/\sqrt{\mathrm{Hz}}$ だとすると，100 Hz〜200 Hz

での RMS は，帯域幅のルート ($\sqrt{100} = 10$) をかけて，10^{-22} となる．つまり，100 Hz〜200 Hz で干渉計の時間領域での出力は，重力波のストレイン相当で，10^{-22} 程度揺らいでいることになる．ここで，もし，100 Hz〜200 Hz の周波数帯で 10^{-21} 程度の大きさをもつ重力波がやってきたとすると，時間領域では信号が雑音から 10 倍程度突出して見えるはずであり，重力波信号の候補であると考えてよいことになる．このように，リニアースペクトル密度を用いることにより，信号と雑音の関係を直感的に理解することができる．

次に，変位感度とストレイン感度について説明する．局所慣性系においては重力波は鏡を揺さぶると考えられるので，干渉計が鏡の変位としてどれだけの感度をもつかという，いわゆる変位感度で，干渉計の感度を表すことは極めて自然である．したがって，変位感度 δx の単位は $\mathrm{m}/\sqrt{\mathrm{Hz}}$ である．一方，重力波の強さは無次元量である空間のひずみ（ストレイン）で表されるため，空間のひずみに対する感度，すなわちストレイン感度で干渉計の感度を表す方が，どれだけの重力波を検出できるのかという問いに答えられるため，そちらの方がより直接的であるともいえる．ちなみに，ストレイン感度 δh の単位は $1/\sqrt{\mathrm{Hz}}$ である．要するに，干渉計の感度を表すのに変位感度を用いてもストレイン感度を用いてもどちらでもよい．そしてその 2 つの間には，

$$\delta h = \delta x / L \tag{4.35}$$

という関係がある．ここで L は干渉計のアームの長さである．

なお，雑音源は，変位雑音とセンサー雑音に大別される．地面振動や熱雑音などの直接鏡の揺れを引き起こすものは変位雑音であり，量子雑音のうちショットノイズと呼ばれるものや，検出器の電気雑音などの干渉計の検出システムに現れるものはセンサー雑音である．したがって，変位雑音源については，変位感度について議論される方がより直感的であり，センサー雑音源については，変位雑音，ストレイン雑音いずれを使う場合でも，換算が必要であるため，どちらか一方がより直感的であるということはない．ちなみに，雑音源には，散乱光雑音のように，変位雑音ではないが，センサー雑音であるとも言い難いものもある．

最後に，重力波検出が可能となるような感度を実現するためには，各雑音を

どのようにしてどの程度低減しなくてはいけないかの感覚を定量的に感じてもらうため，以下の項目では，第 2 世代検出器の典型的な感度を基準感度として用いる（表 4.1 参照）．なお，アーム長は 3 km とした．

表 4.1 雑音低減の議論のための干渉計の基準感度．10 Hz，100 Hz，1 kHz の周波数に対して第 2 世代検出器で要求される典型的な変位感度とストレイン感度を示している．

周波数 [Hz]	変位感度 [m/$\sqrt{\mathrm{Hz}}$]	ストレイン感度 [1/$\sqrt{\mathrm{Hz}}$]
10	1×10^{-18}	3×10^{-22}
100	1×10^{-20}	3×10^{-24}
1 k	3×10^{-20}	1×10^{-23}

4.2.1 地面振動雑音

地上の地面振動のスペクトルは，おおかたの場所では 1 Hz 以上でおよそ以下のようになる．

$$\delta x_{\mathrm{seis}} \sim \left(\frac{1\,\mathrm{Hz}}{f}\right)^2 \times 10^{-7}\ \mathrm{m}/\sqrt{\mathrm{Hz}}. \tag{4.36}$$

例えば 100 Hz においての地面振動は 10^{-11} m/$\sqrt{\mathrm{Hz}}$ 程度であり，これは重力波の引き起こす鏡の変位に対して著しく大きい．そこで，100 Hz での重力波を検出しようとすると，地面振動の影響を鏡に伝わらなくするような防振システムが必要である．

防振システムの基本は懸架である．図 4.7 に示すように，長さ l のワイヤーで吊るされた鏡に関する水平方向の運動方程式は，ワイヤーの吊り下げ点の変位を x_0，鏡の変位を x として以下のようになる．

$$M\frac{d^2x}{dt^2} = -\frac{Mg}{L}(x - x_0). \tag{4.37}$$

これを解くと，ワイヤーの吊り下げ点 x_0 から鏡の変位 x までの伝達関数は以下のようになる．

$$x/x_0 = \frac{f_0^2}{f_0^2 - f^2}. \tag{4.38}$$

ここで $2\pi f_0 = \sqrt{g/l}$ である．

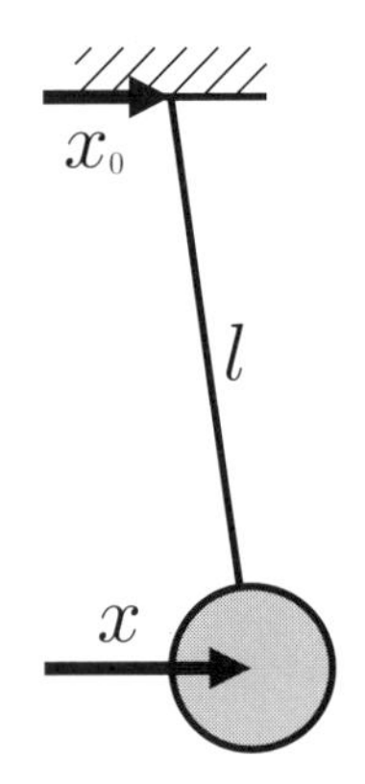

図 4.7　防振機能としての鏡の懸架システム．ワイヤーの長さは l であり，ワイヤーの吊り下げ点の水平方向の変位を x_0，鏡の変位を x としている．

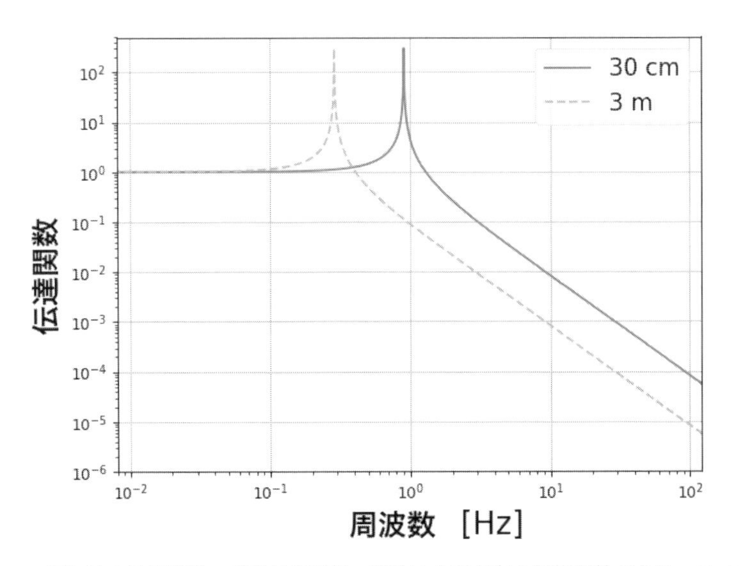

図 4.8　振り子の防振特性．横軸は周波数，縦軸は水平方向の伝達関数である．ワイヤーの長さとしては 30 cm と 3 m の場合が示されている．

例えば，30 cm の振り子の防振特性は図 4.8 のようになる．これは，振り子の共振周波数（およそ 1 Hz）よりも十分に高い周波数領域では周波数のマイナス 2 乗に比例して，振動が減衰されていくことを示している．さらに防振の効果を高めたい場合には，ワイヤーの長さを長くして振り子の共振周波数を下げ

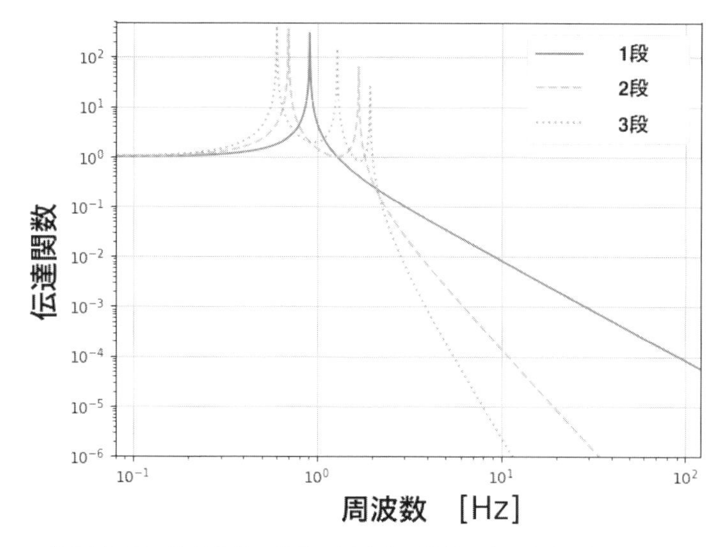

図 4.9 多段振り子の防振特性．横軸は周波数，縦軸は水平方向の伝達関数である．ワイヤーの長さは一段につき 30 cm としている．単振り子，2 段振り子，3 段振り子の伝達関数が示されている．

ることが有効である．例えばワイヤーの長さを 10 倍の 3 m にすると，共振周波数は $\sqrt{10}$ 分の 1 の 0.3 Hz になり，共振周波数より十分に高い周波数では防振効果は 10 倍高くなる（図 4.8 参照）．

また，鏡を数段の振り子状に吊るすことにより，より高い防振効果を得ることもできる．例えば，2 段振り子においては，伝達関数に 2 つの共振ピークが現れるが，それより十分に高い周波数においては，周波数のマイナス 4 乗に比例して，振動が減衰されていく．3 段振り子にすると周波数のマイナス 6 乗となる（図 4.9 参照）．

地面振動は低周波領域においてもともと大きく，また，防振システムの効果自体も，低周波領域ではそれほど高くなく，高周波にいくほど効果的になることから，地面振動によって引き起こされる鏡の揺れは，低周波領域で大きく，高周波領域では小さくなる．実際，干渉計の感度を低周波領域で制限するのは，地面振動雑音である．例えば 10 Hz において地面の揺れは通常 $10^{-9}\,\mathrm{m}/\sqrt{\mathrm{Hz}}$ 程度であるから，これを基準感度である $10^{-18}\,\mathrm{m}/\sqrt{\mathrm{Hz}}$ 以下に抑えるためには，安

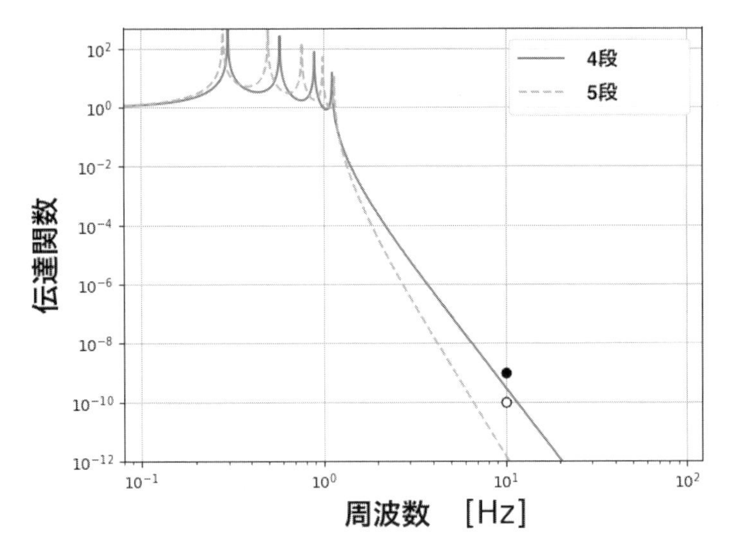

図 **4.10**　4段振り子と5段振り子の防振特性．横軸は周波数，縦軸は水平方向の伝達関数である．ワイヤーの長さは一段につき1mとしている．また，図中の黒丸は10Hzにおける基準感度を満たすための振動減衰率の要求値を示し，白抜き丸は安全係数10を考慮した要求値である．

全係数10を考慮して10^{-10}程度の防振が必要である．この防振効果は，例えば長さ1mの懸架システムを5段使うことで得られる（図4.10参照）．

なお，鏡を吊り下げると，伝達関数に共振ピークが現れ，その周波数で地面振動が増幅される．鏡の共振ピークは，光軸方向だけでなく，角度に関しても起こるので，鏡で反射された光の方向が大きく揺らいでしまい，干渉が起こらなくなってしまう．これを防ぐため，吊り下げられた鏡は，その共振周波数での揺らぎを抑えるための制御が必要である．ただし，この制御システムはせっかくの防振特性を損なわないように，共振周波数あたりでのみ効果があるように周波数特性をもたせるなどの工夫が必要である．

また，鏡の縦方向の動きは本来，光路長変化を伴わないはずであるが，地球の曲率や防振システムの非対称性などから，縦振動から光路長変化へのカップリングが存在する．地球の曲率がなぜ関係してくるかというと，干渉計のビームスプリッターの位置とエンド鏡は光で結ばれているが，それぞれの場所での重力の方向と光線は地球の曲率のため垂直ではないので，鏡の垂直方向の振動が光路長の変化を引き起こすためである．また，機械系の非対称性は実際の機械的システムにおいては常に存在する．さらに，何らかの理由（例えば地下に干渉計を設置する場合は地下水の排水のため）により，アームの軸を水平方向から少しずらして建設しなくてはいけない場合もある．いずれの場合も重力の方向の鏡の揺れが光路長を変化させてしまう．したがって，縦方向の防振も必要であり，これには金属板バネなどが用いられる．効果としては振り子の場合と同様であり，バネの共振周波数より十分に高い周波数領域では縦方向にも防振される．

なお，共振周波数があまり低くないため防振効果はそれほど高くはないが，その簡易さのゆえ，しばしば用いられるものにスタックと呼ばれるものがある．これは金属のボードを数枚，間に弾性体を挟んだ形で重ねたものである．共振周波数は 10 Hz 程度であるので，それ以上の周波数帯でのみ防振効果が得られる．弾性体は縦方向にもバネとして働くので，水平方向だけでなく垂直方向も防振効果が得られる．このスタックの上に鏡の懸架システムを載せた防振装置は第一世代干渉計などでよく用いられていた．

これまで説明したのはすべて受動的な防振システムであったが，能動的な防振システムももちろん可能である．これには，ブレッドボードの揺れを加速度センサーなどで測定し，何らかのアクチュエーターを通してブレッドボードの動きを制御することにより実現できる．基本的には，加速度センサーの雑音で決まる揺れまで抑えることができる．このブレッドボードの上に鏡の懸架システムを載せることにより高度の防振効果が得られる．

4.2.2 熱雑音

熱雑音はいわゆる鏡のブラウン運動である．鏡は熱浴との間で何らかの方法でエネルギーのやりとりを行い，その結果として，熱浴の温度に対応する運動エネルギー，つまり変位の揺らぎをもつのである．鏡の熱雑音には，振り子モードと内部モードの 2 つの種類がある．ともにその力の大きさ $S_F(f)$ は揺動散逸定理 [11] によって決まる．

$$S_F(f) = 4k_{\mathrm{B}}T\mathrm{Re}[Z(f)]. \tag{4.39}$$

ここで，k_B はボルツマン定数，T は系の温度，$Z(f)$ は系のインピーダンス（速度から力までの伝達関数）である．

さて，この式の意味を考えてみよう．左辺はいわゆる“揺動”を表すものであり，熱浴から鏡への何らかのカップリングにより，鏡の揺れを励起する力のパワースペクトルを表す．右辺は“散逸”を表すものであり，鏡が揺れることにより，そのシステムにおけるさまざまな原因から生じる散逸により発生する熱（に比例する量）を表す．系が平衡状態になっている場合は，この2つの量が同じになるのである．

やや抽象的すぎるので，例えば空気中で吊り下げられた鏡を考えてみよう．空気の温度に対応して空気の分子はランダムに動き回り，一部の分子は鏡に当たる．鏡は両側からランダムに力を受けるので，その差に応じて揺さぶられる．一方，鏡はどちらかの方向に動こうとすると，その方向により多くの分子と遭遇するためより大きい反発力を受ける．つまり，これが摩擦力である．鏡は揺れているとこの摩擦力により摩擦熱を生じさせる．この熱が熱浴に吸収されるのである．そして，最終的には平衡状態に至る．ちなみに，ここでは空気の分子を鏡と熱浴とのカップリングの媒介として考えたが，完全なる真空中においても輻射が存在するのでエネルギーのやりとりは行われる．

揺動散逸定理によると，ある周波数で散逸が小さければ（すなわちそのシステムにとって熱を生じさせる効果が小さければ）それだけ受ける揺動も小さくなり，鏡の熱雑音は小さくなるということができる．

また，別の考え方をすると次のようにいうこともできる．あるモードに着目すると，統計力学により，熱雑音の運動エネルギーはパワースペクトル密度を全周波数領域で積分して，$kT/2$ で与えられる．もし散逸が小さければ，共振周波数での揺らぎは大きくなり，その分，それ以外の周波数領域での揺れは小さくならざるを得ない．

散逸のメカニズムとしては2つの代表的な場合が考えられる．一つは，抵抗力が鏡の速度に比例する場合（粘性減衰）である．これは鏡のまわりにある分子の衝突による摩擦などが該当する．もう一つは，抵抗力が周波数特性をもたない場合（構造減衰）である．物質内部の機械的損失の多くがこのケースにあてはまる．

それぞれのケースの具体的な表式を導く前に，散逸を表す指標である機械的ロス ϕ について説明する．ロスは，系のもつ全エネルギーのうち，散逸して熱に変わっていくエネルギーの割合を表す．ロスはまた，ロスアングルとも呼ばれ，系の力から変位への応答の，散逸がない場合からの位相のずれを表す．一般に，ロスは周波数特性をもっていてもかまわない．なお，調和振動子の共振の先鋭度を表す Q 値は，共振周波数におけるロスの逆数である．

まず粘性減衰について考える．この場合，抵抗力が鏡の速度に比例するので，ロスは周波数の 1 次に比例する．粘性減衰の場合，鏡の変位に関する熱雑音は，f_0, M をそれぞれ系の共振周波数と質量とし，粘性力の表式を $F = -M(2\pi f_0/Q)v$ として，以下のようになる．

$$S_x(f) = \frac{4k_{\mathrm{B}}T}{(2\pi)^3} \frac{f_0/Q}{M[(f_0^2 - f^2)^2 + f_0^2 f^2/Q^2]}. \tag{4.40}$$

これによると，熱雑音は，共振周波数より低い周波数領域においては，その周波数特性はフラットであり，共振周波数より高いところでは，周波数のマイナス 2 乗に比例することがわかる．ここで，粘性減衰の代表例として，残留ガスによる鏡の振り子モードの熱雑音を考えてみよう．この熱雑音を 100 Hz における基準感度である $10^{-20}\,\mathrm{m}/\sqrt{\mathrm{Hz}}$ 以下に抑えるためには，安全係数 10 を考慮して，どの程度の真空度が必要かを計算しておこう．鏡の大きさを直径 25 cm，質量を 30 kg として，真空度を 10^{-5} Pa とすると，鏡の振り子モードの熱雑音は以下の図 4.11 のようになる．これは感度の要求値を満たしているので，真空度としてはこの程度が必要ということになるが，幸いなことにこの程度の真空度は達成可能なものである．

次に，構造減衰を考える．抵抗力が周波数特性をもたないことから，ロスも周波数特性をもたない．例えば，鏡の振り子モードに関しては，ワイヤーの曲げに伴う機械的損失などが考えられる．この場合，減衰力はロス ϕ を用いて以下のように表すことができる．

$$F(f) = -iM(2\pi f_0^2)\phi x(f). \tag{4.41}$$

これを使うと，鏡の変位に関する熱雑音は，以下のようになる．

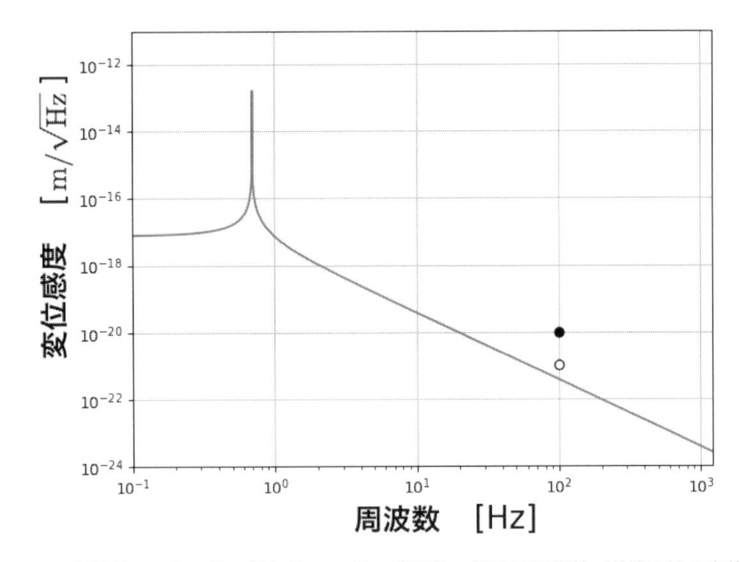

図 4.11　残留ガスによる鏡の振り子モードの熱雑音．横軸は周波数，縦軸は鏡の変位に対する熱雑音である．鏡の大きさを直径 25 cm，質量を 30 kg，真空度を 10^{-5} Pa と仮定している．また，図中の黒丸は 100 Hz における基準感度を満たすための熱雑音の要求値を示し，白抜き丸は安全係数 10 を考慮した要求値である．

$$S_x(f) = \frac{4k_{\mathrm{B}}T}{(2\pi)^3 f}\frac{f_0^2\phi}{M[(f_0^2 - f^2)^2 + f_0^4\phi^2]}. \tag{4.42}$$

つまり，熱雑音は，共振周波数より低いところでは，周波数のマイナス 0.5 乗に比例し，高いところでは周波数のマイナス 2.5 乗に比例する．この構造減衰のメカニズムから生じる鏡の振り子モードの熱雑音を，100 Hz における基準感度である 10^{-20} m/$\sqrt{\mathrm{Hz}}$ 以下に抑えるためには，安全係数 10 を考慮して，どの程度のロスに抑えることが必要であるかを計算してみよう．鏡の大きさを直径 25 cm，質量を 30 kg として，ロスを 10^{-8} とすると，鏡の振り子モードの熱雑音は以下の図 4.12 のようになる．これは感度の要求値を満たしているので，ロスとしてはこの程度に抑える必要があるということになる．このロスを達成するのは通常の金属ワイヤーでは難しく，溶融石英などのもともと機械的ロスの小さい材料を使って鏡を懸架する必要がある．

さて，熱雑音はすべてのモードに存在する．鏡の振り子としてのモードだけでなく，鏡自体のすべての内部モードに対して熱雑音が生じるのである．鏡自

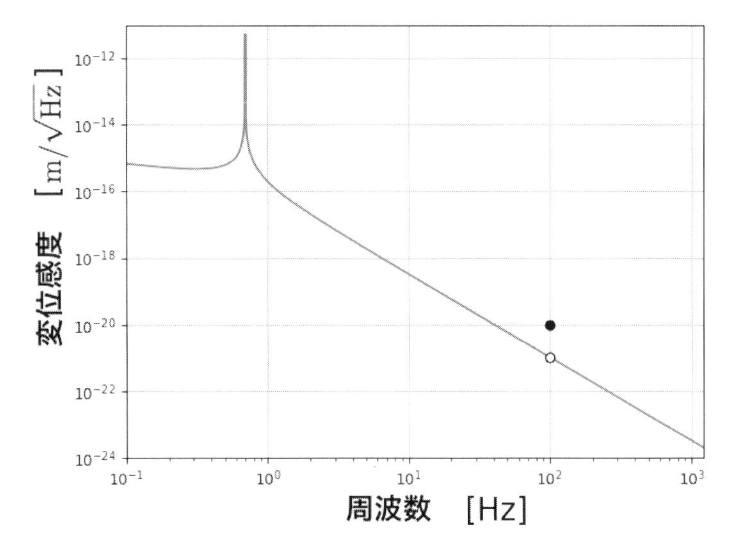

図 4.12 構造減衰のメカニズムから生じる鏡の振り子モードの熱雑音．横軸は周波数，縦軸は鏡の変位に対する熱雑音である．鏡の大きさを直径 25 cm，質量を 30 kg，ロスを 10^{-8} と仮定している．また，図中の黒丸は 100 Hz における基準感度を満たすための要求値を示し，白抜き丸は安全係数 10 を考慮した要求値である．

体のモードは基本的なモードから高次のモードまでさまざまなものが存在する．これらを全部足し合わせると発散するのではないかと心配されるかもしれないが，実は光が鏡で反射されるときにビームは有限の大きさをもっているので，機械的モードの波長がビームの径より小さくなればその揺らぎの効果はビーム内でキャンセルするため，高次のモードの揺れはあまり効かないのである．この内部モードの熱雑音を計算するにはモード展開 [12] あるいは Levin [13] の方法を使う手段がある．

まず，モード展開の表式を以下に示す．

$$S_x(f) = \frac{4k_{\mathrm{B}}T}{2\pi f}\sum_{n}^{\infty}\frac{\phi_n}{m_n(2\pi f_n)^2}. \tag{4.43}$$

ここで n はモードを表す添え字であり，m_n, f_n, ϕ_n はそれぞれのモードの換算質量，共振周波数，ロスである．次に Levin の方法を用いた表式を以下に示す．

$$S_x(f) = \frac{4k_{\mathrm{B}}T}{2\pi f}\frac{1-\sigma^2}{\sqrt{\pi}E_0 w_0}\phi. \tag{4.44}$$

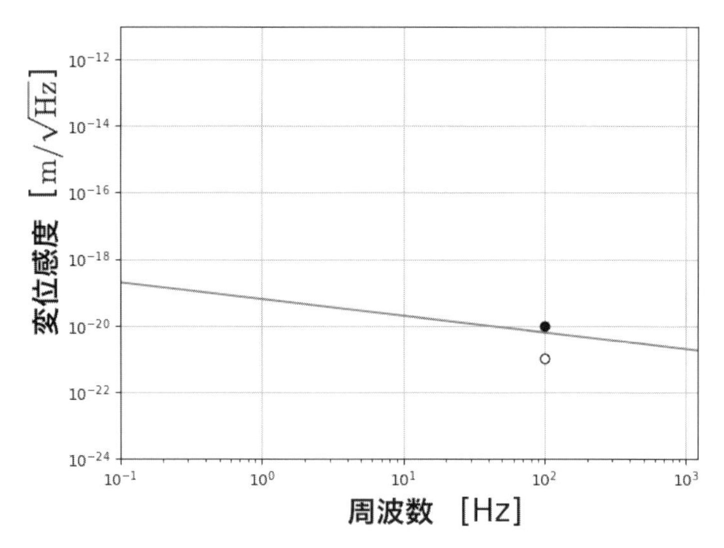

図 4.13　鏡の内部モードの熱雑音．横軸は周波数，縦軸は鏡の変位に対する熱雑音である．鏡の大きさを直径 25 cm，質量を 30 kg，基材のロスを 10^{-8} と仮定している．また，図中の黒丸は 100 Hz における基準感度を満たすための要求値を示し，白抜き丸は安全係数 10 を考慮した要求値である．

ここで E_0, σ, w_0, ϕ はそれぞれ鏡のヤング率，ポアソン比，ビームの半径，鏡のロスである．

鏡の大きさを直径 25 cm，質量を 30 kg，ビームの半径を 5 cm として，ロスを 10^{-8} とすると，Levin の方法を用いて鏡の内部モードの熱雑音は図 4.13 のようになる．これは 100 Hz における基準感度である $10^{-20}\,\mathrm{m}/\sqrt{\mathrm{Hz}}$ をぎりぎりで満たしているので，ロスとしてはこれ以上に抑える必要があるということになる．これを達成するためには溶融石英などのもともと機械的ロスの小さい材料を使って鏡を製作する必要がある．

なお，鏡にはコーティングによる熱雑音も存在する．コーティングは光が直接当たる場所であるため，コーティングの機械的ロスによって生じる鏡の熱雑音の影響は大きい．したがってコーティングをする際には機械的ロスを極限まで抑えるようにしなければならない．

熱雑音にはこれ以外にも，鏡の温度分布の揺らぎによって鏡が膨張・伸縮をすることによって生じる熱弾性雑音や，温度分布の揺らぎによってコーティングの屈折率が変化することにより生じる熱屈折雑音なども存在する．

4.2.3　量子雑音

量子雑音は光がフォトンの集まりであることに起因する雑音であり，ショットノイズと輻射圧雑音がある．まずは，簡単のため半古典的な説明をする．ショットノイズは光検出におけるフォトンの計数の統計的揺らぎである．干渉計の出力ポートにはフォトンはランダムにやってくるので，統計的な揺らぎからは逃れられない．例えば 1 秒間にフォトンが平均して N 個光検出器に入ってくるとすると，ルート N 個程度は揺らいでしまう．ショットノイズはホワイトな周波数依存性をもつ．重力波信号はパワーに比例し，ショットノイズ自体はパワーのルートに比例するため，光のパワーを大きくすると，信号雑音比はパワーのルートに比例してよくなる．

今，干渉計の出力ポートがミッドフリンジ（明と暗の中間；ここでは鏡の変位に対して明暗の変化が最大となる）にあるとしてショットノイズを計算してみよう．干渉計に入射するレーザーパワーを P，レーザーの波長を λ，干渉計の差動変位を δx とする．出力ポートの光のパワーは $P_{\mathrm{out}} = P\sin^2(\theta_0 + 2\pi\delta x/\lambda)$ となるから，ミッドフリンジでは

$$(\mathrm{signal}) = \frac{2\pi P}{\lambda}\delta x, \tag{4.45}$$

$$(\mathrm{noise}) = \sqrt{2\frac{2\pi\hbar c}{\lambda}\frac{P}{2}} \tag{4.46}$$

となる．したがって，ショットノイズの鏡の変位に対する雑音量 δx_{mid} は

$$\delta x_{\mathrm{mid}} = \sqrt{\frac{\hbar c\lambda}{2\pi P}} \tag{4.47}$$

と求まる．ところで，干渉計の出力ポートがダークフリンジの場合はどうであろうか？ダークフリンジの近くではショットノイズも小さくなるが，信号の変化も小さくなる．同様の計算の結果，ショットノイズの鏡の変位に対する雑音量 δx_{dark} は以下のようになる．

$$\delta x_{\mathrm{dark}} = \sqrt{\frac{\hbar c\lambda}{4\pi P}}. \tag{4.48}$$

驚くべきことに，ダークフリンジまわりの方が $\sqrt{2}$ だけショットノイズの影響が小さいのである．ちなみに，ミッドフリンジの場合，レーザーの方に戻っていく光を検出し，それも合わせて信号取得してやると，ショットノイズの影響はダークフリンジまわりの場合と同じになる．しかし，上記の議論では光が完全に干渉しダークフリンジが完全に真っ暗になる場合を仮定したが，実際にはダークフリンジは完全にダークにならないので，ダークフリンジでのショットノイズの影響は大きくなる．しかしながら，これはのちに説明する変調復調法を使えばある程度回避でき，また，ダークフリンジにすることにより，これものちに説明するパワーリサイクリングの手法を使えるので，通常，重力波検出用干渉計では検出ポートをダークフリンジにして動作させる．

輻射圧雑音は，フォトンがランダムに鏡を叩くことにより生ずる鏡の揺らぎである．輻射圧雑音は力としてホワイトな周波数依存性をもつため，鏡の揺れとしては振り子の共振周波数より高い周波数領域では f^{-2} の依存性をもつ．輻射圧雑音の大きさ δx_{QRP} は，M を鏡の質量として以下のようになる．

$$\delta x_{\mathrm{QRP}} = \frac{1}{M(2\pi f)^2}\sqrt{\frac{16\pi\hbar P}{c\lambda}}. \tag{4.49}$$

さて，ショットノイズの鏡の変位に対する雑音量はパワーのルートに比例して小さくなるが，輻射圧雑音の方はパワーのルートに比例して大きくなる．したがって，光のパワーを大きくすると，ショットノイズは下がり輻射圧雑音は増え，光のパワーを小さくするとその逆のことが起こる（図 4.14 参照）．

これは，光のパワーをいかに変えようとも超えられない限界が存在することを意味する．これが不確定性原理によって規定される標準量子限界である．実際，標準量子限界は，

$$\left(\sqrt{\frac{\hbar c\lambda}{4\pi P}}\right)^2 + \left(\frac{\sqrt{16\pi\hbar P/c\lambda}}{M(2\pi f)^2}\right)^2 \geq 2\sqrt{\frac{\hbar c\lambda}{4\pi P}}\frac{\sqrt{16\pi\hbar P/c\lambda}}{M(2\pi f)^2} \tag{4.50}$$

$$= \delta x_{\mathrm{SQL}}^2 \tag{4.51}$$

という不等式から導くことができ，その大きさは以下の式で与えられる．

$$\delta x_{\mathrm{SQL}} = \sqrt{\frac{2\hbar}{(M/2)(2\pi f)^2}}. \tag{4.52}$$

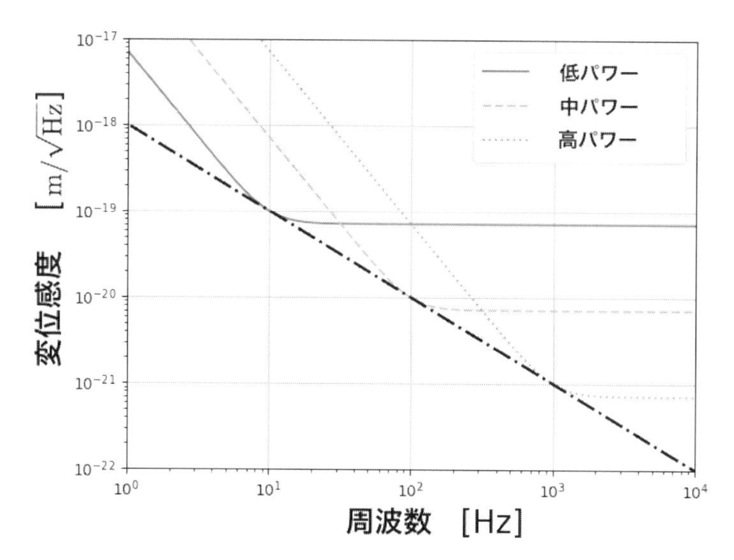

図 4.14 量子雑音の変位に対するスペクトル．横軸は周波数，縦軸は変位雑音である．量子雑音は，ショットノイズと輻射圧雑音から成り，それぞれ高周波領域のフラットな部分と低周波領域の f^{-2} の依存性をもつ雑音に対応する．図では異なる 3 つのレーザーパワーに対応する量子雑音が描かれている．また，一点鎖線は標準量子限界を示している．

標準量子限界は鏡の質量だけで決まる量であり，つまり標準量子限界を下げるには鏡を重くするしかない．しかし，幸いにも標準量子限界を回避する方法は存在する．これについては次の章で述べる．

さて，ショットノイズと輻射圧雑音は，アーム長を 3 km，鏡の重さを 30 kg，レーザーの波長を 1064 nm，レーザーパワーとしては現在の技術では最大レベルである 100 W とおくと図 4.15 のようになる．

これによると，この仕様では，輻射圧雑音は基準感度より小さいが，ショットノイズは基準感度を満たしていないことがわかる．したがって，ショットノイズをさらに低減する何らかの工夫が必要である．これを可能にするのが，アームの光共振器とパワーリサイクリングの技術である．これらについては，次の項で述べる．

次に，量子雑音をより正確に導いてみよう．ここでは，マイケルソン干渉計の出力ポートが完全にダークフリンジになっており，両エンドの鏡はともに反

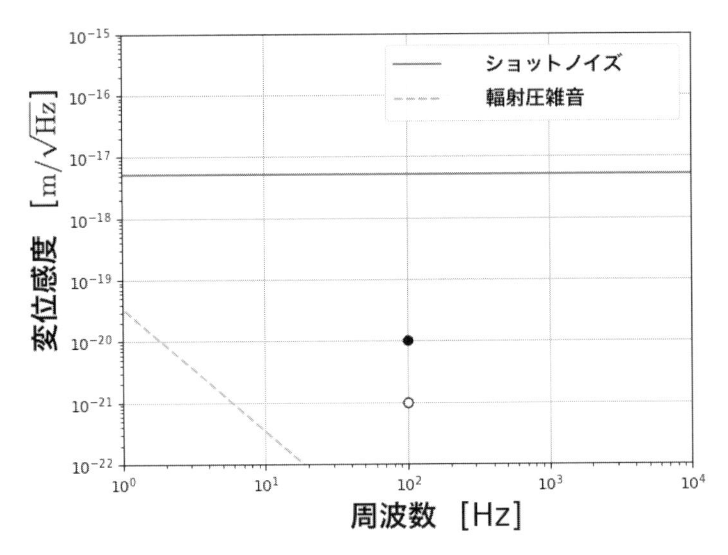

図 4.15　ショットノイズと輻射圧雑音の変位スペクトル．また，図中の黒丸は 100 Hz における基準感度を満たすための要求値を示し，白抜き丸は安全係数 10 を考慮した要求値である．

射率 1 であり，両アームの長さも等しい場合を考える．まずレーザー光の量子揺らぎを考えてみると，これはすべてレーザー側に反射されるので，検出ポートには現れない．では量子雑音はどこからやってくるのであろうか？実は，干渉計の量子雑音を正しく扱うには検出ポート側から真空場の揺らぎを入射させる必要がある（図 4.16 参照）．真空場の揺らぎは，電場の揺らぎと位相の揺らぎに対応する（どちらがどちらかはキャリアーとの位相関係による）独立な 2 つの成分をもち，それぞれ $\hat{a}_1(f), \hat{a}_2(f)$ とおく．この真空揺らぎは，干渉計のフリンジの条件により，検出ポートに跳ね返ってくる．そして，それを $\hat{b}_1(f), \hat{b}_2(f)$ とおくと，

$$\begin{bmatrix} \hat{b}_1(f) \\ \hat{b}_2(f) \end{bmatrix} = \begin{bmatrix} 0 \\ \hat{a}_2(f) \end{bmatrix} + \begin{bmatrix} \hat{a}_1(f) \\ -K(f)\hat{a}_1(f) \end{bmatrix} \tag{4.53}$$

となる．ここで $K(f) = 8\pi P/\lambda c M(2\pi f)^2$ である．この式の意味を考えてみよう．まず，検出ポートから入射された真空場の位相成分（レーザー光の位相を基準として決まる）はそのまま検出ポートに跳ね返ってくる．次に，入射された

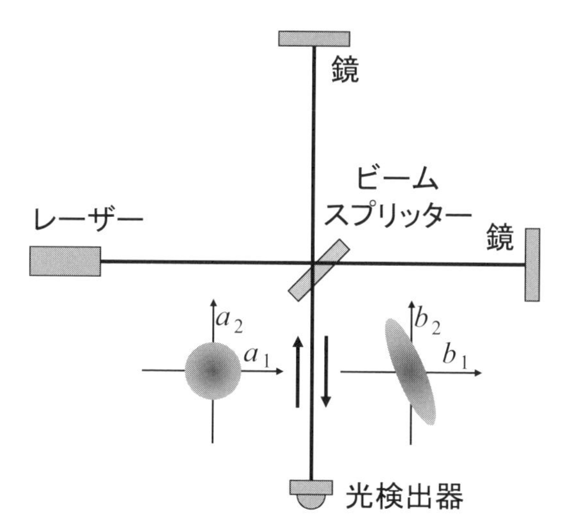

図 4.16 マイケルソン干渉計の量子雑音発生の概念図．検出ポートから真空場の揺らぎが入射され，干渉計により変化を受けて再び干渉計ポートに跳ね返ってくる．

振幅成分（同様にレーザー光の位相を基準として決まる）は，そのまま跳ね返ってくるだけではなくレーザー光とカップルして鏡を揺さぶる．考えている周波数は振り子の共振周波数より十分に高く，鏡が自由質点として扱えるとすると，鏡が揺さぶられる量は低周波ほど大きく，f^{-2} の周波数依存性をもつ．さて鏡が揺れると反射光の位相にその揺らぎが印加される．この揺らぎが，検出ポートに抜けてくる．また重力波信号はレーザー光の位相を変化させるものとして扱えるので，結局，検出ポートにおいて，重力波信号と競合するものとしては，入射された真空場の位相成分がそのまま跳ね返ってきたもの $\hat{a}_2(f)$ と，真空場の強度成分が鏡の揺らぎを引き起こすことによって生じた位相揺らぎ $-K(f)\hat{a}_1(f)$ の 2 つである．ここで，前者がショットノイズ，後者が輻射圧雑音である．

4.2.4 その他の雑音

レーザーの強度雑音

レーザーの強度が変化すると干渉計の出力はどのように影響を受けるであろうか？まずミッドフリンジにいる場合に，干渉計へ入射する光の強度が δP 揺らぐとする．このとき，この強度の変化を，鏡の変位が $\delta x_{\mathrm{intensity}}$ 揺らぐことにより生じたものだと考えると，次の式が成り立つ．

$$\frac{\delta P}{2} = \frac{2\pi P}{\lambda}\delta x. \tag{4.54}$$

したがって，強度揺らぎの引き起こす鏡の変位に対する雑音 $\delta x_{\mathrm{intensity}}$ は以下のように与えられる．

$$\delta x_{\mathrm{intensity}} = \frac{\lambda}{4\pi}\frac{\delta P}{P}. \tag{4.55}$$

このカップリング係数は非常に大きい．しかし，もしレーザー側の干渉光も検出し，2 つの干渉光の検出器の出力の差をとるとするとどうなるであろうか？もし，完全にミッドフリンジにいるとすると，レーザー強度の揺らぎは 2 つの干渉光で正確に打ち消し合うため，雑音として現れない．正確に言うと，ミッドフリンジまわりでは 2 つの検出器の差信号 V は，鏡の変位と光の強度に比例する．

$$V = \frac{4\pi P}{\lambda}\delta x. \tag{4.56}$$

ここで，強度が δP 変化したときに生じる V の変化を，鏡の変位が $\delta x_{\mathrm{intensity}}$ 変化したことによって生じるものと思うと，以下の式が成り立つ．

$$\frac{4\pi P}{\lambda}\delta x_{\mathrm{intensity}} = \frac{4\pi\delta P}{\lambda}\Delta x. \tag{4.57}$$

ここで，Δx はミッドフリンジからの変位の小さな DC でのずれ（オフセット）であり，これを厳密になくすことはできない．したがって，強度揺らぎの引き起こす鏡の変位に対する雑音は以下のように与えられる．

$$\delta x_{\mathrm{intensity}} = \Delta x\frac{\delta P}{P}. \tag{4.58}$$

つまり，カップリング係数は，ミッドフリンジからの変位の DC のずれ（オフセット），Δx に比例するのである．これは，干渉光を単独で検出した場合と比べ格段に小さい．

また，干渉計をダークフリンジに制御する場合にも後述の手法で，鏡の変位と光の強度に比例した干渉計信号を得ることができるので，強度揺らぎの引き起こす鏡の変位に対する雑音はこの場合と同様になる．

この式より，レーザーの強度雑音の引き起こす雑音を 100 Hz で基準感度の 10 分の 1 に抑えるためには，例えば，オフセットを $\Delta x = 10^{-13}$ m，強度雑音を $\delta P/P = 10^{-8}\,/\sqrt{\mathrm{Hz}}$ 以下に抑えることが必要となる．

レーザーの強度雑音が干渉計の雑音となるメカニズムは上記のもの以外にも存在する．これは光が鏡に与える輻射圧の揺らぎによるものである．もし 2 つの鏡の受ける光の強度が完全に同じならば鏡の揺れは同相となり，両アームの差動信号を計測する重力波検出器としては雑音とならない（もっともこれは古典的な強度雑音に対してのみ成り立つものであり，量子雑音に起因する強度雑音は差動信号にも現れるため雑音となる．量子雑音のセクションで説明したように，これが輻射圧雑音である）．しかし，現実には，2 つの鏡に当たる光の強度はまったく同じということはない．したがってその差に応じて，鏡の受ける古典的輻射圧雑音に差が生じ，これが雑音となるのである．この雑音の変位の大きさ δx_{crp} は，鏡の質量を M，鏡に当たるレーザー光の平均強度を P_{mirror}，両アームでのレーザー光の強度の差の強度に対する割合を α として以下のように与えられる．

$$\delta x_{\mathrm{crp}}(f) = \frac{\alpha}{M(2\pi f)^2}\frac{2(\delta P/P)P_{\mathrm{mirror}}}{c}. \tag{4.59}$$

この式より，このメカニズムによるレーザーの強度雑音の引き起こす雑音を 100 Hz で基準感度の 10 分の 1 に抑えるためには，例えば，鏡に当たる光のパワーを平均的に 100 kW，鏡の質量を 30 kg として，レーザーの強度雑音の引き起こす雑音を 100 Hz で基準感度の 10 分の 1 に抑えるためには，例えば，非対称性を $\alpha = 1/100$，相対的な強度揺らぎを $\delta P/P \lesssim 2 \times 10^{-9}\,/\sqrt{\mathrm{Hz}}$ 以下に抑える必要がある．なお，ここで鏡に当たる光のパワーは大きすぎるのではないかと思われるかもしれないが，これは，次のセクションで述べるアームの光共振器やパワーリサイクリングを組み込んで鏡に当たる光のパワーを強めたと仮定したものである．この要求値はレーザーがもつ典型的な強度雑音よりはるかに小さいので，強度安定化システムが必要となる．

レーザーの周波数雑音

レーザーの周波数が変化すると干渉計の出力はどのような影響を受けるであ

ろうか？もし，マイケルソン干渉計の両アームの長さが完全に同じであれば，同時刻にレーザーから出た光が干渉し合うので，周波数雑音の影響は生じない．しかし，アームの長さに差があると違う時刻にレーザーから出た光が干渉するので，その間に周波数が変化してしまうと干渉光の位相差に変化が生じそうである．より正確に周波数雑音の影響を導いてみよう．まず，光の電場の式を思い出してほしい．

$$E(t) = E_0 \mathrm{e}^{i\phi} = E_0 \exp\left[2\pi i \int_{t_0}^{t} dt\, f(t)\right]. \tag{4.60}$$

これは，光の周波数と位相が微分積分の関係にあることを表している：

$$\frac{d\phi}{dt} = f. \tag{4.61}$$

さて，今両アームの光路長差が $2\Delta x$ であるとすると，光の周波数の揺らぎ $\delta\nu$ をこの間積分すれば光の位相揺らぎ $\delta\phi$ となる．

$$\delta\phi = \delta\nu \frac{4\pi\Delta x}{c}. \tag{4.62}$$

したがって，位相 ϕ と鏡の変位 x との関係 $\phi = 4\pi x/\lambda$ などを用いると，結局，周波数揺らぎの引き起こす鏡の変位に対する雑音 δx_{freq} は以下のように表される．

$$\delta x_{\mathrm{freq}} = \Delta x \frac{\delta\nu}{c/\lambda}. \tag{4.63}$$

ここで c/λ はレーザー光の平均的な周波数であることに注意すると，$\delta\nu/(c/\lambda)$ はレーザー周波数の相対揺らぎであることがわかる．これによると，レーザーの周波数雑音の引き起こす雑音を 100 Hz で基準感度の 10 分の 1 に抑えるためには，例えば，両アームの光路長差を 1 mm として，周波数雑音を $\delta\nu \lesssim 3 \times 10^{-4}\ \mathrm{Hz}/\sqrt{\mathrm{Hz}}$ に抑えることが必要となる．この要求値はレーザーの典型的な周波数雑音よりはるかに小さいので，強力な周波数安定化システムが必要となる．このような周波数安定化を単一の制御で行うのは困難であるため，実際の干渉計においては，固定共振器，モードクリーナー，アーム共振器の同相モードなどをレファランスとして順次安定化を行っていく方法がとられている．

レーザービームの横揺れ雑音

レーザービームが横に揺らぐと干渉計の出力は変化するであろうか？干渉計がビームスプリッターに関して完全に対称な構成になっていれば，ビームの横揺れは2つの干渉光に同じ影響を与えるので雑音とならない．しかし，干渉計の非対称が存在すれば，それと結びついて雑音となる．例えば，完全な対称状態から片方の鏡の角度が θ ずれている干渉計を考えると，幾何学的な考察により，ビームの横揺れ δy が引き起こす δx は以下の式で与えられる．

$$\delta x = \theta \delta y. \tag{4.64}$$

これによると，レーザーの横揺れ雑音の引き起こす雑音を 100 Hz で基準感度の10分の1に抑えるためには，例えば，非対称性を $\theta = 10^{-7}$，横揺れ雑音を $y = 10^{-14}$ 以下に抑えることが必要となる．この要求値はレーザーの典型的な横揺れ雑音より小さいので，横揺れを抑えるようなシステムが必要となる．これを可能にするのがモードクリーナーであり，これについては後の項にて説明する．

レーザーにはビームの横揺れ以外にも角度揺れや波面の曲率の揺らぎなど，さまざまな幾何学的揺らぎが存在し，それらは対応する干渉計の非対称性とカップルして雑音となる．

迷光および散乱光雑音

干渉計では，光が，鏡，その他の光学系により反射したり透過したりするが，その際，迷光や散乱光が生じる．迷光とは，例えば鏡の裏面で反射された光であり，散乱光とは所定の光路とは別の方向に散乱される光であり，これらを完全になくすことは不可能である．迷光および散乱光（以下，簡単のため，まとめて散乱光と呼ぶ）はどのような影響を干渉計出力に与えるであろうか．これは，メインビームに散乱光が混じり，干渉することによりメインビームの位相が変化するために生じると考えることができる．

ここで2つの場合を考える．まずは散乱光が真空槽など防振されていない物体で反射されてメインビームと干渉した場合である．散乱光がメインビームに与える影響はそれらの位相が揃っている（あるいは逆向きの）場合が最大となるので，そのような場合を考える．散乱光の強度（パワー）がメインビームに対して α とすると，散乱光の位相揺らぎ $\delta\phi_{\rm s}$ はメインビームの位相を $\delta\phi_{\rm m}$ 揺らす．この関係は以下の式で表される．

$$\delta\phi_{\rm m} = \sqrt{\alpha}\,\delta\phi_{\rm s}. \tag{4.65}$$

これによると，散乱光雑音を 100 Hz で基準感度の 10 分の 1 に抑えるためには，例えば，$\delta\phi_{\rm s} \sim 2\pi(10^{-11}\,{\rm m}/\sqrt{\rm Hz})/\lambda \sim 2\pi \times 10^{-5}\,/\sqrt{\rm Hz}$ として α を $\alpha \lesssim 10^{-16}$ に抑えなければならない．ここで，次の項で述べるファブリペロー共振器による増幅により，100 Hz での基準感度の 10 分の 1 である $10^{-21}\,{\rm m}/\sqrt{\rm Hz}$ は $\phi_{\rm m} = 2\pi \times 10^{-13}\,/\sqrt{\rm Hz}$ に対応すると考えた．

もう一つのメカニズムとしては，散乱光が低周波数で波長 λ 程度以上に揺れている物体で反射（あるいは多数回反射）した場合である．この場合メインビームと散乱光の位相差は 2π より大きく変化し，結果として生じる干渉光の位相は高い周波数にアップコンバートされる．例えば，10 Hz で 10λ 揺れているとすると 100 Hz の雑音を生み出す．したがって，この種の雑音を防ぐためには重力波検出にとって重要な周波数領域まで散乱光雑音がアップコンバートされないように，すべての懸架光学系の低周波領域での揺らぎを十分に小さく抑える必要がある．

散乱光にはこれら 2 つのメカニズムがあるが，いずれにせよ散乱光の影響を減らすには徹底的に散乱光を除去する光学システムが必要となる．

4.3　基本的な検出器の構成

マイケルソンレーザー干渉計は重力波検出器の基本であるが，実際に感度を上げるためには，より複雑な干渉計設計が必要となる．以下に，マイケルソン干渉計にアーム共振器を加えたものから，現在第 2 世代検出器で使われている標準的な光学系まで，段階を踏んで説明する．

4.3.1　ファブリペロー・マイケルソン干渉計

まず，最初にアームの光共振器について説明しよう．現在，地上干渉計によ

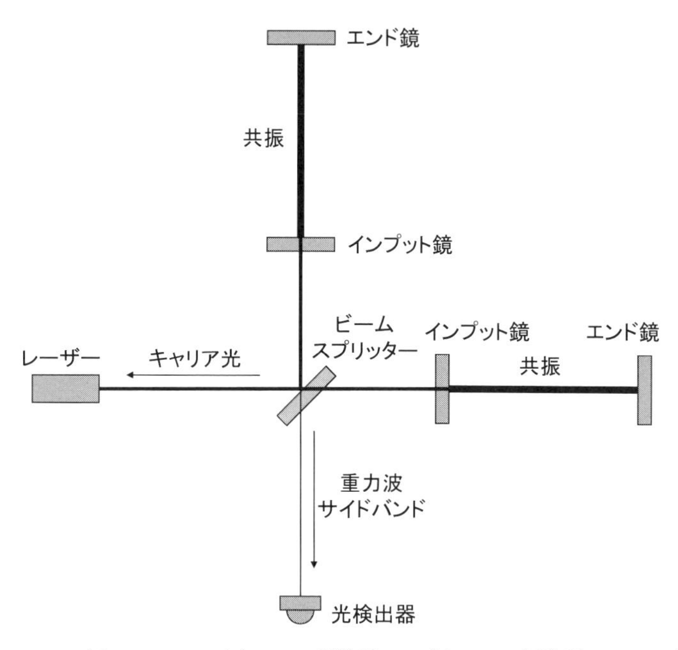

図 **4.17** ファブリペロー・マイケルソン干渉計．マイケルソン干渉計のアームを光共振器で置き換えたもの．光共振器はインプット鏡とエンド鏡で構成される．光はインプット鏡とエンド鏡の間で共振する．

る重力波検出にとってもっとも有望だと考えられている重力波源は，太陽質量の数十倍のブラックホールや中性子星連星の合体である．これらから放射される重力波は低周波から 100〜1 kHz 程度までスイープする．簡単のため，100 Hz の重力波に対して感度を最適化したいと仮定しよう．すると，式 (4.18) より，最適なアーム長は 750 km となる．このような干渉計を地球上に建設しようとすると，地球は丸いため，一番深い場所で地上から 11 km もの地下に光を通す必要があり，これは現在の技術では到底無理である．そこで考えられたのが，マイケルソン干渉計のアームに光共振器（ファブリペロー共振器）を入れることである．これをファブリペロー・マイケルソン干渉計と呼ぶ（図 4.17 参照）．

アーム共振器は，わずかな透過率と高い反射率をもつインプット鏡と，ほぼ全反射のエンド鏡から構成される．共振器の往復の長さを光の波長の整数倍になるようにしてやると，光は 2 つの鏡の間で共振し，実効的に光のアーム内での滞在時間が増え，それだけ重力波との相互作用の時間が長くなり，干渉計の感度を上げることができる．アームの長さを L，インプット鏡の強度透過率を T としたとき，ファブリペロー・マイケルソン干渉計で得られる位相変化を考える．まずアーム共振器の中の光のパワーは

$$P_{\mathrm{inside}} = \frac{P}{2} \times \frac{T}{(T/2)^2 + 4\sin^2(\phi/2)} \tag{4.66}$$

と表される．ここで，ϕ は共振器の中を一巡する間に光が得る位相である．この式からわかるとおり，ϕ が 2π 変化するごとに共振器の中の光のパワーが大きくなり，共振状態となる．レーザーの周波数を ν_0 とすると $\phi = 4\pi\nu_0 L/c$ であるから，ϕ の 2π の変化はレーザー周波数の変化の立場では $c/2L$ である．この $c/2L$ をフリースペクトラルレンジ (FSR) と呼び，共振器の隣り合う共振周波数の差を表す．また同様に，共振の周波数幅 (FWHM) が $cT/4\pi L$ であることもわかるが，FWHM と FSR の比 $(c/2L)\,/\,(cT/4\pi L) = 2\pi/T$ をフィネス ($\mathcal{F}$) といい，共振器の共振の鋭さを表す無次元量として用いられる．さて，ファブリペロー・マイケルソン干渉計のアウトプット光の位相変化 $\delta\phi_{\mathrm{out}}$ は，

$$\delta\phi_{\mathrm{out}} = \frac{4}{T} \times \frac{2\pi}{\lambda}\delta x \tag{4.67}$$

と求めることができる．これは，実効的な折り返し回数が $4/T = \mathcal{F}/\pi$ であることを示す．つまり，インプット鏡の反射率を上げるほど（透過率を下げるほど）折り返し回数は増える．以上では低周波の応答を考えていたが，次には周波数応答を考えよう．フィネス 100, 300, 1000 で 3 km の長さのアーム共振器をもつファブリペロー・マイケルソン干渉計の周波数応答を図 4.18 に示す．

これは，光がアーム共振器に滞在している時間より短い周期をもつ重力波に対しては，重力波の効果がキャンセルして応答が小さくなることを示している．したがってこの周波数以上の重力波に対しては，いかに実効的折り返し回数を上げようとも干渉計の感度は改善できない．また，あまりにもフィネスを上げすぎると，実際は鏡の光学的ロスの影響が大きくなり，光の実効的パワーが下がってくるので，高周波領域での感度が逆に下がってくる．通常，干渉計の感度は，100 Hz 付近で最適化されるため，アーム長を 3 km としてフィネスは 250

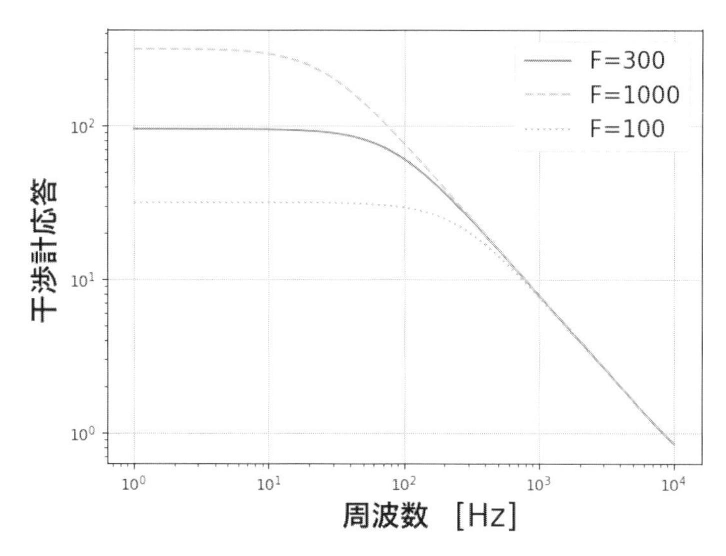

図 4.18 ファブリペロー・マイケルソン干渉計の周波数応答．横軸は周波数，縦軸は干渉計の応答である．3 つの曲線は，異なる 3 種類のフィネスをもつ光共振器に対応する応答関数である．

程度になるように光学系の仕様を決定する．

ところで，アーム共振器の利用は，ショットノイズなどのセンサー雑音に対しては有効である．なぜなら，センサー雑音は実効的な折り返し回数によらないからである．前のセクションでのショットノイズの説明の際，マイケルソン干渉計においてはショットノイズによる干渉計雑音を基準雑音まで抑えるのは大変であると述べたが，このアーム共振器の利用と次のセクションで説明するパワーリサイクリングの利用により，ショットノイズによる干渉計雑音を基準雑音まで低減することが可能となる．しかし，残念ながら地面振動や熱雑音などの鏡の変位雑音に対しては，光の折り返しによりそれらの雑音も増幅されるので雑音低減の効果はない．通常，鏡の変位雑音は低周波領域で，センサー雑音は高周波領域で支配的であるので，アーム共振器は高周波領域の感度を改善する効果があるといえる．

さて，ショットノイズの説明のところで述べたように，マイケルソン干渉計においては，通常，検出ポートの干渉光がダークフリンジになり，レーザーの方に戻る光がブライトフリンジになるように制御されている．この状況をもう少し詳しく説明すると，キャリア光はすべてレーザーの方に戻るが，重力波のサイドバンドはすべて検出ポートに進むのである．この理由は以下のとおりである．検出ポートでは2つのアームからやってくるキャリア光の位相が180度ずれているため，お互いに弱め合いダークフリンジになる．一方，重力波のサイドバンドは，鏡の差動的な変位により誘起されるため，キャリアに対する相対位相が，それぞれの腕で逆になっている．したがって，検出ポートでは2つのアームからやってくる重力波サイドバンドの位相が同じであり，お互いに強め合うのである．このことは，以下に説明するさまざまな干渉計のタイプの動作原理を理解するうえで非常に重要である．

4.3.2　パワーリサイクルド・ファブリペロー・マイケルソン干渉計

レーザーとビームスプリッターの間にもう1枚鏡を置き，干渉計から返ってくる光を入射光と位相を合わせて打ち返してやることにより，干渉計全体が共振器となり，実効的な光の入射パワーを上げることができる．これが，パワーリサイクリングの技術であり，この鏡をパワーリサイクリング鏡と呼び，この干渉計をパワーリサイクルド・ファブリペロー・マイケルソン干渉計と呼ぶ（図4.19参照）．TAMA300，initial LIGO，Virgoなどの第1世代検出器はこのタイプの干渉計を用いていた．

ちなみに，インプット鏡とパワーリサイクリング鏡の往復距離は光の波長の $N + (1/2)$ 倍（N：整数）になるように制御されている．これはキャリア光がインプット鏡とパワーリサイクリング鏡で構成される光共振器で，単独では反共振の状態になっていることを示す．この状況は実効的な入射パワーを上げるという点からは少し変に思われるかもしれないが，実はキャリア光はアーム共振器で反射する際に位相が反転するので，それを考慮すると，結局キャリア光はインプット鏡とパワーリサイクリング鏡で構成される光共振器で共振する．

量子雑音のところで述べたように，レーザーパワーを上げると，ショットノイズに対する信号雑音比がよくなるかわりに，輻射圧雑音に対する信号雑音比が悪化する．しかし，現在の我々の技術で可能なレーザーパワーでは，まだ輻射圧雑音は干渉計に存在するほかの雑音より小さいので，このパワーリサイク

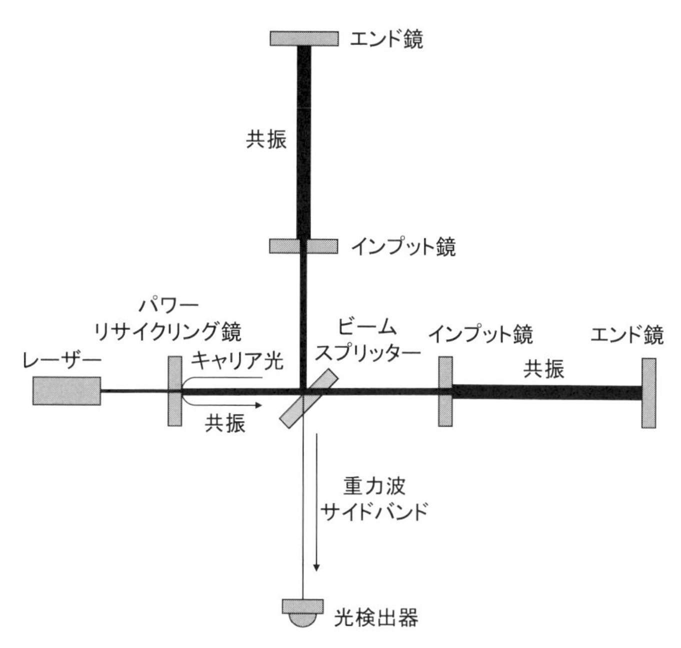

図 4.19 パワーリサイクルド・ファブリペロー・マイケルソン干渉計．ファブリペロー・マイケルソン干渉計のビームスプリッターの手前に，パワーリサイクリング鏡を置いたもの．光は，ファブリペロー・マイケルソン干渉計とパワーリサイクリング鏡との間で共振する．

リングの技術は有用である．実際，アーム共振器とこのパワーリサイクリングを組み込むことで，ショットノイズと輻射圧雑音をともに基準感度を満たすようにすることが可能である．

ところで，重力波サイドバンドは，すべて検出ポートに進み，レーザー側へはいかない．したがって，パワーリサイクリングによって増幅されるのはキャリア光だけである．つまり，パワーリサイクリングを行っても，重力波信号のキャンセル周波数の状況は変わらず，干渉計の重力波に対する周波数応答は変化しない．もちろん，アーム共振器内のキャリア光のパワーが増大するので，鏡の変位により生じる重力波サイドバンドは大きくなる．

4.3.3 シグナルリサイクルド・マイケルソン干渉計

重力波サイドバンドは差動信号であるので，すべて検出ポートにやってくる．

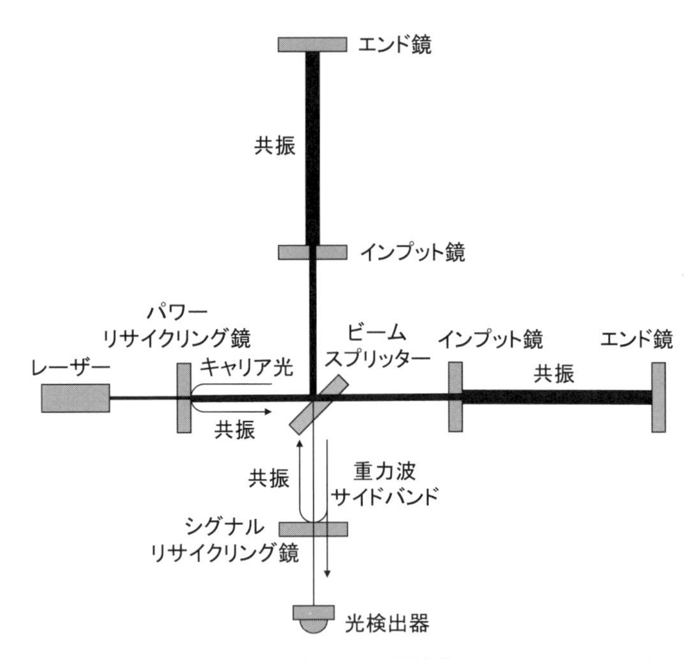

図 4.20　シグナルリサイクルド・マイケルソン干渉計．パワーリサイクルド・ファブリペロー・マイケルソン干渉計の検出ポートにさらにシグナルリサイクリング鏡を置いたもの．重力波サイドバンドは，ファブリペロー・マイケルソン干渉計とシグナルリサイクリング鏡との間で共振する．

そこで，もう一枚鏡を検出ポートに加えて，重力波サイドバンドを干渉計に打ち返してやり，重力波信号を共振させ，増幅することができる．この干渉計はシグナルリサイクルド・マイケルソン干渉計と呼ばれる（図 4.20 参照）．GEO600 はこのタイプの干渉計を用いている．

ちなみに，インプット鏡とシグナルリサイクリング鏡の往復距離は光の波長の $N + (1/2)$ 倍（N：整数）になるように制御されている．これは光がインプット鏡とシグナルリサイクリング鏡で構成される光共振器で，単独では反共振の状態になっていることを示す．さて，重力波サイドバンドがアーム共振器の中からインプット鏡を見たとしよう．重力波サイドバンドはすべて検出ポートに進むので，重力波サイドバンドにとってインプット鏡の背後にはシグナルリサイクリング鏡が見える，つまりインプット鏡とシグナルリサイクリング鏡で構成される光共振器が見えるはずである．そして，この光共振器の反射率は，反共振状態では，手前の鏡（この場合インプット鏡）の反射率よりも高くなる．つまり，重力波サイドバンドに対するフィネスはシグナルリサイクリング鏡がない場合と比べて高くなり，重力波信号は増幅されるのである．

シグナルリサイクリングを行うことで重力波のキャンセル周波数が下がるので，すでにハイフィネスのアーム共振器をもつファブリペロー・マイケルソン干渉計にシグナルリサイクリングの技術を併用するのは意味がない．しかし，ローフィネスのアーム共振器をもつファブリペロー・マイケルソン干渉計や，アーム共振器をもたないマイケルソン干渉計にシグナルリサイクリングを組み込むことで感度を高めることができる．なお，（ファブリペロー・）マイケルソン干渉計にシグナルリサイクリングとパワーリサイクリングを併用したものをデュアルリサイクルド・マイケルソン干渉計と呼ぶ．

なお，シグナルリサイクリング鏡をミクロに（光の波長より小さい変位）反共振状態からずらすことにより，干渉計の共振周波数をずらし，ある特定の周波数で重力波信号の増幅を行い，その周波数での感度を高めることができる．これをディチューニングという．

4.3.4 レゾナント・サイドバンド・エクストラクション干渉計

現在考えられている第2世代干渉計の標準形はレゾナント・サイドバンド・エクストラクション干渉計と呼ばれるものである（図4.21参照）．これはパワーリサイクルド・ファブリペロー・マイケルソン干渉計にもう一枚鏡を検出ポートに加えた形をもっている．これは，シグナルリサイクリングの鏡と同じであるが，その役割はまったく正反対である．KAGRA，Advanced LIGO，Advanced Virgoなどの第2世代検出器はこのタイプの干渉計を用いている．

以下，レゾナント・サイドバンド・エクストラクション干渉計の働きを説明する．まず，アーム共振器のインプット鏡の反射率を上げるなどして実効的折り返し回数を高めると，アーム共振器内のキャリアーのパワーは強くなるが，重力波信号に対する感度は実効的折り返し回数によって決まる周波数より高い周波数では，信号のキャンセルが起こるため改善できなかったことを思い出してほしい．しかし，この状態で，検出ポートにシグナルエクストラクション鏡を置き，シグナルエクストラクション鏡とインプット鏡との往復距離を光の波長

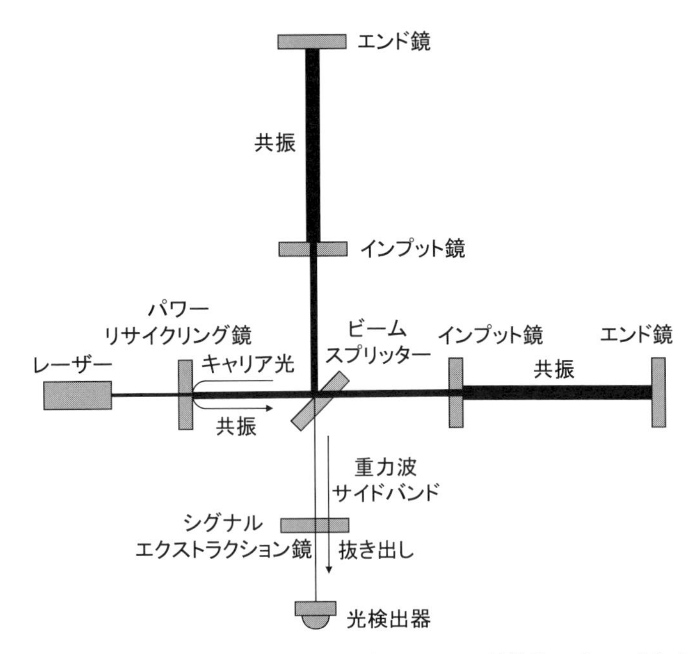

図 4.21　レゾナント・サイドバンド・エクストラクション干渉計．パワーリサイクルド・ファブリペロー・マイケルソン干渉計の検出ポートにさらにシグナルエクストラクション鏡を置いたもの．重力波信号は，シグナルエクストラクション鏡によりファブリペロー・マイケルソン干渉計の中から抜き出される．

のN倍（N：整数）になるように制御してやる．つまり，光の共振状態を満たすようにしてやるとどうなるであろうか？重力波サイドバンドにとって，鏡の中から見えるのはインプット鏡とシグナルエクストラクション鏡で構成される光共振器である．そして，この光共振器の反射率は，共振状態では，手前の鏡（この場合インプット鏡）の反射率よりも低くなる．つまり，重力波サイドバンドに対するフィネスはシグナルエクストラクション鏡がない場合と比べて低くなり，実効的な折り返し回数は減る．これはどういうことかというと，シグナルエクストラクション鏡により重力波サイドバンドを信号がキャンセルする前に検出ポートに抜き出すことができるということにほかならない．

しかし，それでは最初から，アーム共振器のフィネスを低く抑えたファブリペロー・マイケルソン干渉計と何が違うのであろうか？アーム共振器のフィネスが高い場合は，共振器内のキャリア光のパワーは検出ポートのシグナルエクストラクション鏡によって影響を受けず，依然として高い．つまり，重力波信号のサイドバンドが大きく生成される．したがって，最初からアーム共振器のフィネスを低く抑えた場合と比べて感度が高くなる．

レゾナント・サイドバンド・エクストラクション干渉計の感度は，最初からアーム共振器のフィネスを抑えた設定にし，その分パワーリサイクリングのゲインを強めたパワーリサイクルド・ファブリペロー・マイケルソン干渉計と同じ感度をもつ．しかし，レゾナント・サイドバンド・エクストラクション干渉計の大きな利点は，ビームスプリッターやアーム共振器のインプット鏡を通過する光のパワーを小さくし，熱レンズ効果などハイパワーに伴う問題を回避できる点にある．

また，レゾナント・サイドバンド・エクストラクション干渉計のもう一つの利点は，シグナルリサイクルド・マイケルソン干渉計と同様に，ディチューニングが可能であることである．シグナルエクストラクション鏡をミクロに（光の波長より小さい変位）共振状態からずらすことにより，干渉計の共振周波数をずらし，ある特定の周波数で重力波信号の抜き出しの度合いを弱め，その周波数での感度を高めることができる．

4.3.5 さまざまな干渉計方式の関係

以上述べてきたさまざまな干渉計の量子雑音には実は重要な経験則が存在する．鏡の熱効果などのプラクティカルな問題を無視すると，実は干渉計の感度はアーム共振器内の光のパワーと重力波信号の帯域の 2 つの量で決まる．つまり，たとえ干渉計の方式が違ったとしても，アーム共振器内の光のパワーと重力波サイドバンドの帯域を同じにすれば，同じ量子雑音を達成できるのである．

これをまとめたのが図 4.22 である．ここには，同じ量子雑音をもつ 5 つの干渉計タイプが描かれている．それらは，(A)：アーム共振器のないデュアルリサイクルド干渉計，(B)：デュアルリサイクルド・ファブリペロー干渉計，(C)：パワーリサイクルド・ファブリペロー干渉計，(D)：レゾナント・サイドバンド・エクストラクション干渉計，(E)：パワーリサイクリングのないレゾナント・サイドバンド・エクストラクション干渉計である．そして，それらの干渉計が同じ量子雑音をもつための条件として，パワーリサイクリングのゲイン，および

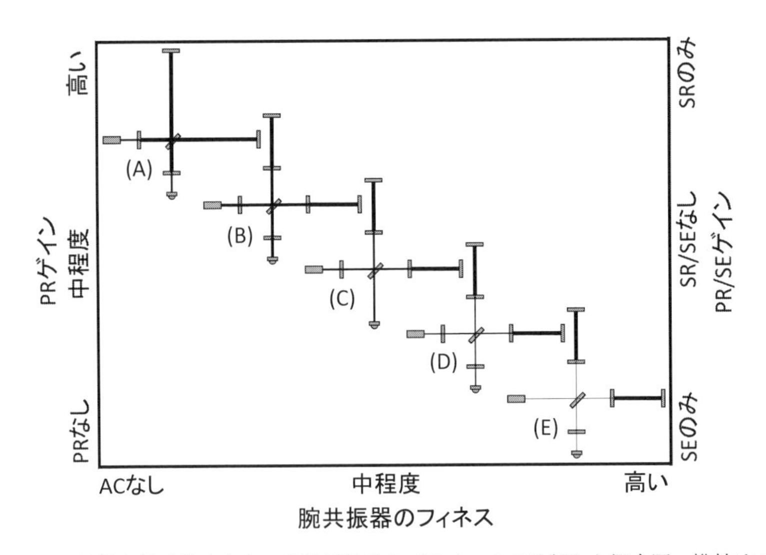

図 4.22 同様な量子雑音をもつ各種干渉計をパラメータで分類した概念図．横軸はアーム共振器 (Arm Cavity; AC) のフィネスを表す．縦軸はパワーリサイクリング (power recycling; PR) のゲイン，およびシグナルリサイクリング (signal recycling; SR) あるいはシグナルエクストラクション (signal extraction; SE) のゲイン（SE の場合は 1 以下）を表す．横軸はアーム共振器のフィネスを表す．干渉計 (A)～(E) はそれぞれ，以下のタイプである．(A)：アーム共振器のないデュアルリサイクルド干渉計，(B)：デュアルリサイクルド・ファブリペロー干渉計，(C)：パワーリサイクルド・ファブリペロー干渉計，(D)：レゾナント・サイドバンド・エクストラクション干渉計，(E)：パワーリサイクリングのないレゾナント・サイドバンド・エクストラクション干渉計．これら 5 つの干渉計はすべて同様な量子雑音をもつ．

シグナルリサイクリングあるいはシグナルエクストラクションのゲイン（シグナルエクストラクションの場合「抜き出し」なのでゲインは 1 以下）を縦軸，アーム共振器のフィネスを横軸にとり，それぞれの干渉計をそのパラメータ平面に配置している．例えば，(A) と (E) を比べると以下のようにいうことができる．シグナルリサイクリング・ゲインの高いアーム共振器のないデュアルリサイクルド干渉計と，シグナルエクストラクション抜き出し効率の高いパワーリサイクリングのないレゾナント・サイドバンド・エクストラクション干渉計とは同じ量子雑音をもつ．

また，ディチューニングに関しても異なる干渉計方式に面白い関係が存在す

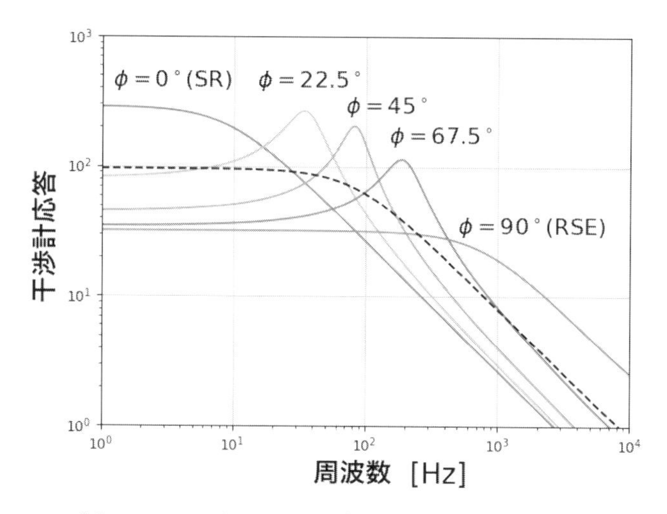

図 4.23 ファブリペロー・マイケルソン干渉計の周波数応答．横軸は周波数，縦軸は干渉計の応答である．5 つの曲線は異なるディチューニング位相 ϕ をもつ干渉計の応答関数であり，SR はシグナルリサイクルド・マイケルソン干渉計，RSE はレゾナント・サイドバンド・エクストラクション干渉計のことである．点線はシグナルリサイクリング鏡，あるいはシグナルエクストラクション鏡がない場合の応答関数である．なお，アーム長は 3 km，アーム共振器のフィネスは 300，シグナルリサイクリング鏡，あるいはシグナルエクストラクション鏡の透過率は 36%とした．

る．シグナルリサイクルド・マイケルソン干渉計とレゾナント・サイドバンド・エクストラクション干渉計において，それぞれシグナルリサイクリング鏡あるいはシグナルエクストラクション鏡を反共振，共振の状態から少しずらすとディチューニングが実現できることはすでに述べた．ところが，反共振と共振の違いはシグナルリサイクリング鏡，あるいはシグナルエクストラクション鏡の位置が波長の 1/4 だけ（往復で 1/2）ずれているにすぎないので，この 2 つの方式はディチューニングをしていくと一方の干渉計方式からもう一方の干渉計方式に移り変わるのである．図 4.23 に，シグナルリサイクルド・マイケルソン干渉計とレゾナント・サイドバンド・エクストラクション干渉計，そしてディチューニングをした場合の干渉計の応答を示す．

4.3.6　モードクリーナー

基本的な重力波検出器に必要なもう一つの光学系はモードクリーナーである（図4.24参照）．これは，レーザー光を干渉計に入射する前に，光の横モード（断面の形状；図4.25参照）をきれいにするとともに，光の周波数を安定化するためのものである．モードクリーナーは，通常，懸架された3枚の鏡で構成されるリング型光共振器である．この共振器の1周の光路長を波長の整数倍にすることにより光を共振させる．そして，入射鏡と出射鏡の透過率を同じに選ぶことにより（もし光学的ロスがないと仮定するなら）すべての光をモードクリーナーを透過させることができる．

レーザーの横モードには以下のようにモード ψ_{lm} が存在し，通常，干渉計にはTEM00光が使われる．

$$\psi_{lm}(x,y,z,\omega) = \sqrt{\frac{2}{\pi w^2(z)}}\frac{1}{\sqrt{2^l l! 2^m m!}} H_{lm}\left(\frac{\sqrt{2}x}{w(z)}, \frac{\sqrt{2}y}{w(z)}\right) \times \exp\left[\left(-\frac{1}{w^2(z)} - i\frac{k}{2R(z)}\right)(x^2+y^2) + i(l+m+1)\zeta(z)\right]. \tag{4.68}$$

ゴイ位相 ζ の存在により，横モードの光は次数によって共振条件が違うので，モードクリーナーをTEM00光に共振させると，高次の横モードはすべてモードクリーナーにより反射され，きれいな透過光が実現できる．これは，ビーム

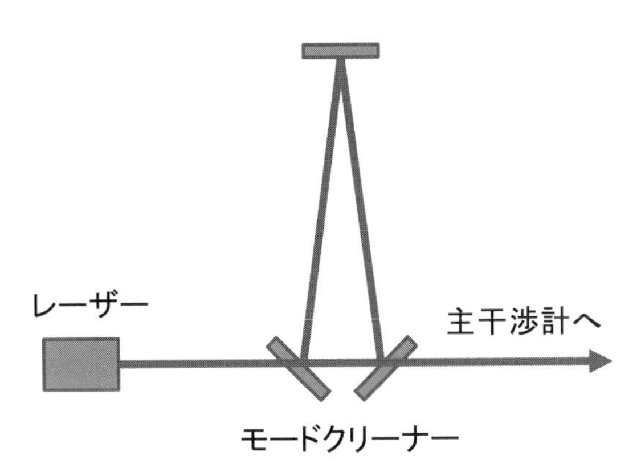

図 4.24　モードクリーナー．通常，3枚の鏡から構成される．光はモードクリーナーの中で共振し，出射光は主干渉計に導かれる．

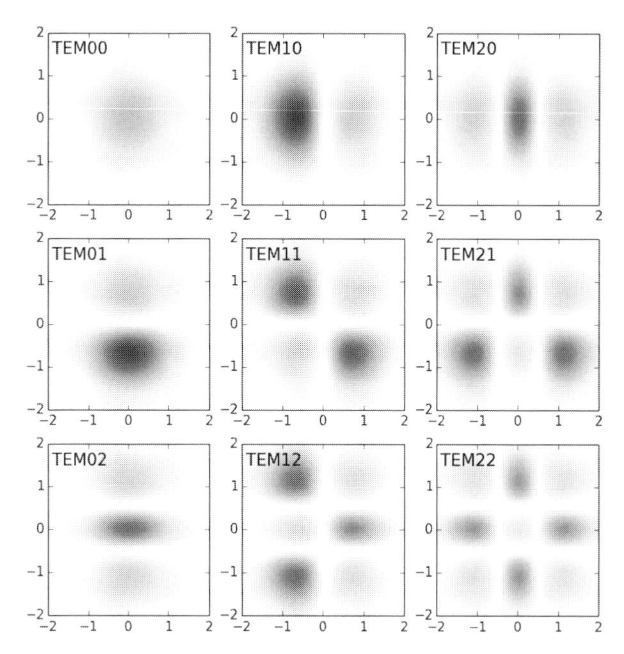

図 **4.25** 光の横モード．もっとも低い次数のモードである TEM00 から，2 次のモード TEM22 までの光の強度分布が描かれている．

の横揺れに起因する雑音を低減するために有用である．というのは，ビームの横揺れは，光の基本モードに 1 次のモードが混じり，その係数が時間変化するというモデルで考えることができるが（図 4.26 参照），モードクリーナーを通すことにより 1 次のモードがなくなり，その結果としてビームの揺れが低減するからである．

$$\exp[-(x-\delta x)^2/w^2] \simeq \left(1+\frac{2\delta x}{w}\right)\exp[-x^2/w^2] \propto \psi_{00}+\frac{\delta x}{w}\psi_{10}. \quad (4.69)$$

モードクリーナーはまた，周波数安定化のレファランスとしての役目ももっている．レーザーの周波数雑音は干渉計の 2 本のアーム長の光路長差とカップルして雑音となり，2 本のアーム長の光路長差を完全にゼロにすることは，特にアーム共振器がある場合には困難であるので，周波数の安定化を行う必要がある．ちなみに周波数の安定化は最終的には，コモンモードのアーム共振器長を使って行われるが，それだけでは非現実的に高い制御ゲインが要求されるた

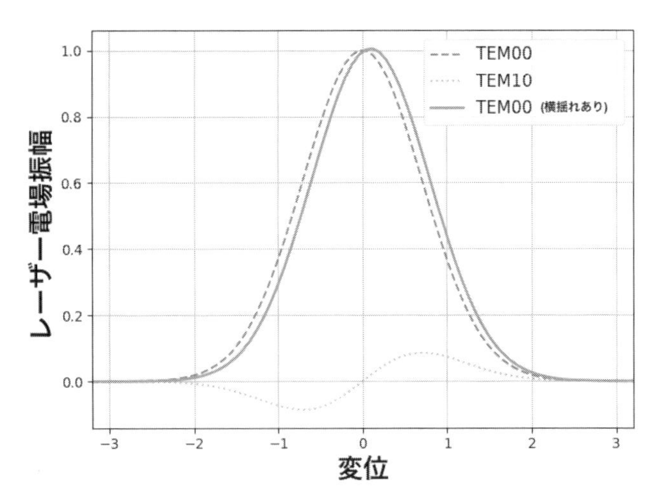

図 4.26　ビームの横方向への平行移動の説明図．TEM00 モードのビームに TEM10 モードが少し混ざると，ビームが横方向へ平行移動する．

め，その前にモードクリーナーを使ってある程度の周波数安定化を行っておく必要がある．

4.4　干渉計の制御

4.4.1　長さの制御

パワーリサイクルド・ファブリペロー・マイケルソン干渉計においては，アーム共振器の往復の光路長がレーザー光の波長の整数倍になり，また検出ポートがダークフリンジになるように制御する必要がある．これを実現するためには，まずは，干渉計のあるべき状態からのずれを表す誤差信号を取得する必要がある．これには位相変調復調法が用いられる．まずは共振器の制御について説明する．

図 4.27 に示すように，電気光学変調器によって光共振器に入射する前の光を通常 10 MHz 以上の周波数で位相変調する．今，光は共振器内でほぼ共振しているとしよう．共振器から反射されてきた光は，サーキュレーターにより光検出器の方へと導かれる．この光は，共振器のインプット鏡で直接反射した光

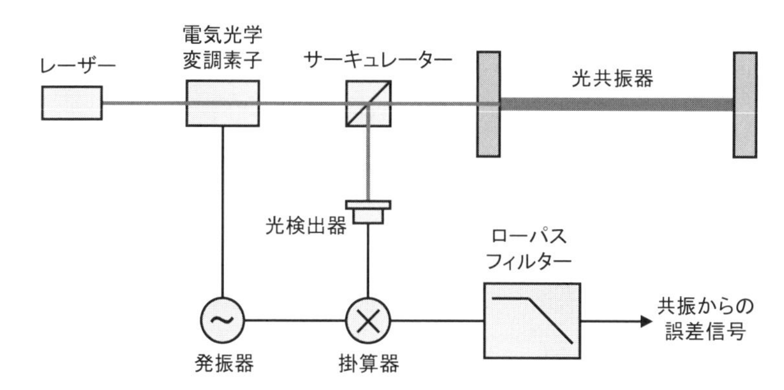

図 4.27　光共振器の共振状態からの誤差信号の取得方法．電気光学変調素子によって位相変調を受けたレーザー光は光共振器に入射される．光共振器からの反射光はサーキュレーターにより光検出器に導かれる．光検出器の出力は掛け算器とローパスフィルターを通して復調され，共振からの誤差信号となる．

と，共振器の中からしみだしてきた光の干渉光だと考えることができる．共振器のフィネスはある程度高く，共振器の透過可能周波数帯 (共振の周波数幅) は 10 MHz より低いとしよう．この場合，共振器の中から漏れ出た光は 10 MHz の位相変調サイドバンドをもっていない．したがって，完全に共振状態を満たした状態では，共振器内から漏れ出てきた光とインプット鏡で直接反射した光の位相は同位相，あるいは反転位相となり，反射光に強度変調は存在しない．しかし，共振状態からわずかにずれると，共振器内から漏れ出た光の位相が少しずれ，インプット鏡で直接反射した光の位相変調とカップルして強度変調が現れる．そして，その強度変調の位相は共振状態からどちらにずれたかにより，位相が逆になる．そして，光検出器の出力に変調信号を掛け算してやり，それをローパスフィルターを通して，変調周波数以上の信号を落としてやることにより，共振状態からのずれに応じた誤差信号が得られるのである．変調の大きさを β，変調周波数を $\omega_m/2\pi$ として

$$(\text{光検出器出力信号}) \propto P + 2\beta P \frac{4\pi\delta x}{\lambda} \sin\omega_m t + \beta^2 P \sin^2 \omega_m t \tag{4.70}$$

$$(\text{誤差信号}) \propto \beta P \frac{4\pi\delta x}{\lambda} \tag{4.71}$$

である．

マイケルソン干渉計の検出器ポートにおけるダークフリンジ状態からのずれを表す誤差信号の取得もほぼ同様のシステムを使う．マイケルソン干渉計の場合，片アームに電気光学変調器を挿入し位相変調してやれば，そのアームの光は位相変調されており，もう一方のアームの光は位相変調を受けていないので，その干渉光を復調してやれば誤差信号が取得できる．しかし，パワーリサイクルド・マイケルソン干渉計においては，パワーリサイクリングの効果を高めるために，干渉計の光学的ロスをできるだけ抑える必要がある．したがって，ビームスプリッターの後ろに電気光学変調器を挿入することはできない．そこで，ビームスプリッターより上流に電気光学変調器を挿入し，そこで位相変調を行う．しかし，もし両アームの光路長差が完全に同じであれば，両アームの光が同様に位相変調されるため，信号取得ができない．したがって，マイケルソン干渉計の両アームの長さをわざとマクロにずらし，両アームの光に対する位相変調の位相を変えてやる．こうすることで検出ポートでのダークフリンジからのずれに対応する誤差信号が取得できる．

ちなみに，これらの位相変調のための電気光学変調器はモードクリーナーの前に置かれる．こうすると位相変調のサイドバンドは，モードクリーナーを透過できないのではないかと思われるかもしれないが，変調周波数をモードクリーナーのフリースペクトルレンジの整数倍に選ぶことによって，位相変調サイドバンドを透過させることができる．また，アーム共振器やマイケルソン干渉計に使う位相変調サイドバンドは，パワーリサイクリング共振器の中にも入っていくような周波数を選ぶ必要がある．

このような方法で得られた誤差信号を使って，今度は鏡やレーザーの周波数を制御する．鏡の変位のアクチュエーターとしては，例えば吊り下げられた鏡に磁石をつけ，外部のコイルに電流を流すことに方法が使われている（図4.28参照）．また，静電タイプのアクチュエーターも使われる．レーザーに対しては，レーザーの共振器のピエゾ素子や温度アクチュエーターが使われる．

ところで，干渉計をこのように制御すると，制御帯域内の周波数の重力波がやってきて鏡を揺らそうとしても，鏡の位置は光の波長に対して制御されているため動くことはできない．では，固定された鏡で構成された干渉計と同じことで，重力波に対して感度がないのではないかと思われるかもしれないが心配

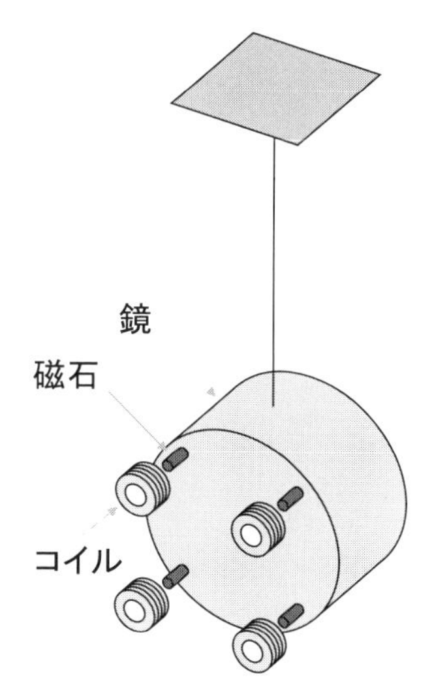

図 **4.28** 鏡のアクチュエーター．鏡には磁石が接着されている．磁石のまわりにはコイルが外部フレームなどから取り付けられる．コイルに電流を流すことにより磁石に磁場による力を加えて鏡を動かす．

には及ばない．重力波の信号は鏡の位置を制御する信号に現れるからである．

4.4.2 アラインメントの制御

干渉計がきちんと動くためにはもちろん鏡のアラインメントがきちんとなされている必要がある．アラインメントを制御するためには，まずは，理想の状態からのずれに対応する誤差信号を取得しなければならない．これには波面計測法が用いられる．まず，波面計測法の基本について説明しよう．前述のマイケルソン干渉計の長さの誤差信号の取得において，光検出器を 4 つ割り検出器 (Quadrant photo diode; QPD) に変えてみよう．

この状態で，もし片方のアームの鏡が少し傾いたとしたら，両アームからの光の波面に少し傾きが生じる．つまり，QPD の半面では片方の光の位相が進み，もう一方の半面では，その光の位相が遅れている状態になる．したがって，それらの信号を別々に復調してやると，符号が逆の誤差信号が得られる．したがってこれらの信号の差をとってやると，それが鏡の角度に関する誤差信号となるのである．

光共振器の場合はもう少し複雑である．共振器においてはインプット鏡とエンド鏡の傾きにより，同様に4つ割り検出器上でそれぞれの半面からの復調信号の差をとってやると鏡の角度に関する誤差信号がとれる．しかし，この信号には，一般にインプット鏡とエンド鏡の角度の傾きが混じっている．これらを分離するには，離れた地点で同様な計測を行えばよい．なぜなら，インプット鏡とエンド鏡の角度変化が引き起こす波面の変化は場所によって違うため，離れた地点で計測を行うことにより，その2つの変化が分離できるからである．

第5章 重力波検出器における先進技術

5.1 地面振動雑音低減技術

第4章で説明したように，地面振動を低減する基本的な手段は振り子あるいはバネで鏡を吊ることである．鏡の吊り下げ点の変位から鏡の変位までの伝達関数は，共振周波数より高い周波数で f^{-2} の依存性をもって減衰する．したがって，防振効果を高めるには，共振周波数を低くすればよい．例えば，振り子の共振周波数を低くするには振り子の長さを長くすればよい．しかし，スペースに限りがあるため無制限に長くできるわけではない．また，同じスペースが与えられている場合は，一段の長い振り子を作るより，短い多段の振り子にした方が防振特性は優れている．もちろん，同じスペースの中で共振周波数を低くすることができればそれに越したことはない．それを可能にするようなシステムはすでに考案されており，そのうちの代表的なものについて以下に説明する．

5.1.1 倒立振り子

倒立振り子は多段懸架システムの一番上流に使われるものであり，金属棒と錘で構成される．原理を説明しよう．図5.1に示すように，長さ L の金属棒を垂直に立て，その最下端の短い部分の径を上部の金属の径に比べて十分に小さくすると，上部は剛体棒，最下部は弾性棒とみなせる．そして，剛体棒の上部に質量 M の錘を固定する．金属棒の質量は無視する．

まず，錘の質量が小さいときには，この金属棒はバネとして振る舞うので，金属棒の床の接地点の水平方向の変位から，金属棒の上端の水平方向の変位までの伝達関数は，振り子の伝達関数と同様に1個の共振ピークをもつ．そして共

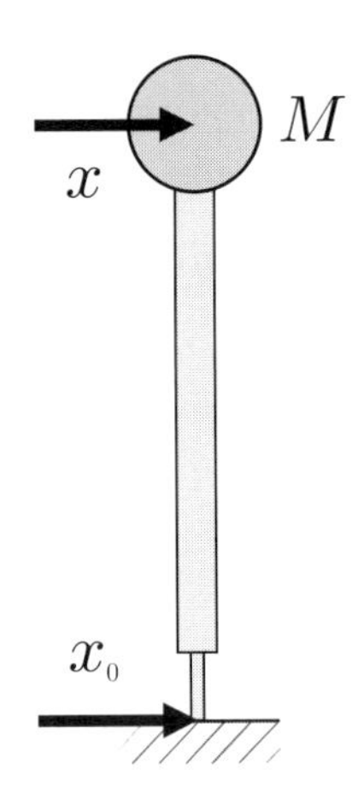

図 5.1　倒立振り子の原理．下端が細くくびれた棒状のバネの上端に質量 M の錘が乗っている．棒の下端の水平方向の変位を x_0，錘の変位を x とする．

振周波数は，弾性棒のバネ定数と錘の質量で決まる．しかし，錘の質量が無視できなくなってくると錘の重力による効果が加わる．錘が水平方向に変位すると，それに比例した反バネ力が現れ，錘の運動方程式は以下のようになる．

$$M\frac{d^2x}{dt^2} = -k(x - x_0) + \frac{Mg}{L}(x - x_0). \tag{5.1}$$

ここで金属棒のバネ定数を k とおいた．このとき，共振周波数は

$$\frac{1}{2\pi}\sqrt{\frac{k}{M} - \frac{g}{L}} \tag{5.2}$$

となる．つまり，システム全体のバネ定数は，弾性棒による復元力から錘の重力の反バネ力を差し引いた力によって決まる．そこで，重力の反バネ力を弾性棒による復元力より若干小さくなるように錘の質量を選べば，トータルの復元力は非常に小さくなり，弱いバネ定数をもつシステムを構成することができる．したがって，共振周波数も小さくなり，防振効果を高めることができる．もちろん，錘の重力の反バネ力の方が弾性棒による復元力より大きくなってしまうとシステムが不安定になってしまうので注意が必要である．

倒立振り子は，Virgo や KAGRA の防振システムの最上段に使われている．実際のシステムにおいては，3 本の金属棒の上端と下端を円形のフレームに固

図 **5.2** KAGRA の防振に使われる倒立振り子．6 本の脚のうち径の細いものが倒立振り子用の脚である．これらの脚の上端に円形のフレームが固定される（Credit: 国立天文台）．

定することにより，上端のフレームを起点として多段の懸架システムを構成することが可能になっている（図 5.2 参照）．

5.1.2 幾何学的反バネ

倒立振り子は水平方向の防振システムにおいて共振周波数を低くするための機構であったが，同様なことは垂直方向の防振システムでも可能である．その一例が幾何学的反バネシステムである．これは互いに押し付けられた数枚の金属ブレードで構成される．まず，単純な垂直方向のバネとしての振る舞いを考える．金属ブレードを水平方向に保ちその一端を固定し，もう一端から鏡を吊るす．すると，固定点の垂直方向の変位から鏡の垂直方向の変位までの伝達関数は，通常のバネの伝達関数と同じになる．では，金属ブレードを 2 個用意し，それぞれの一端を同一のフレームに固定し，もう一端同士を押し付け合い，その点から鏡を吊るすとどうなるであろうか？金属ブレードの押し付け合わさった点は，はじこうとする力により垂直方向に反バネ力が働く．この反バネ力は平衡点からの垂直方向の変位のずれに比例する (反バネの比例係数を k_{anti} とおく)．一方，金属ブレードにはもともとバネとしての復元力が働く．その復元力のバネ定数を k，鏡の質量を M として，鏡の垂直方向の運動方程式は（金属ブ

図 5.3　KAGRA の縦防振に使われる幾何学的反バネフィルター（Credit: 東京大学宇宙線研究所附属重力波観測研究施設）.

レードの外側の端の垂直方向の変位を z_0，錘の垂直方向の変位を z とする)，次の式のようになる．

$$M\frac{d^2z}{dt^2} = -k(z - z_0) + k_{\mathrm{anti}}(z - z_0). \tag{5.3}$$

共振周波数は，

$$\frac{1}{2\pi}\sqrt{\frac{k - k_{\mathrm{anti}}}{M}} \tag{5.4}$$

となる．つまり，システム全体のバネ定数は，バネの復元力から押し付けに起因する反バネ力を差し引いた力によって決まる．そこで，押し付けの程度を調整することにより，反バネ力をもともとのバネの復元力より少しだけ小さくする．するとトータルとしての復元力は小さくなり，弱いバネ，つまり共振周波数の低いバネのシステムを作ることができる．幾何学的反バネは Advanced Virgo や KAGRA の防振システムの各段に使われている（図 5.3 参照）．

5.2　熱雑音低減技術

鏡の熱雑音には振り子モードと内部モードに対応するものがあり，ともに，低減のためには機械的雑音を小さくするか温度を下げる必要がある．ここでは，温度を下げる方法とそれに伴う必要技術について説明しよう．

すでに説明したように，鏡の熱雑音による変位雑音の大きさは，振り子モードであろうが内部モードであろうが温度のルートに比例する．したがって，鏡の温度を著しく下げることができれば，熱雑音を著しく低減することが可能である．しかし，残念ながら，鏡を著しく冷やすことは難しい．なぜならば鏡にはレーザービームが当たり，あるいは通過し，光の吸収により常に鏡は熱せられているからである．したがって，鏡による熱の吸収がなるべく小さい材質を選ぶ必要がある．そして鏡で発生した熱を逃がすためには，鏡を吊るしているワイヤーを通して熱を逃がしてやる必要がある．もし冷却装置を鏡に直接触れて冷やすことができれば簡単であるが，そうすると当然ながら鏡の振動が引き起こされるため元も子もない．そこで，熱をより効果的に逃がすためにワイヤーを太くすると，今度は振り子モードの熱雑音が大きくなってしまうので，それらのトレードオフを見極めることが重要である．また，物質の機械的損失は温度に依存するので，目標の温度で，機械的損失の小さい材質を選ぶ必要がある．また，その温度で熱弾性雑音が小さいことも必要である．さらに，ワイヤーに関しても鏡と同じ材質を用いることが望ましい．

このような点から，1.064 μm の波長のレーザーに対しては，サファイアが材質としてはベストだということがわかっている．サファイアの光の吸収率やサファイアファイバーの熱伝導率や機械的損失などから，サファイア鏡においては 20 K 程度の低温にすることが可能であることがわかっており，また，この温度においてはサファイアの熱弾性雑音も小さいことがわかっている．また，サファイアファイバーとサファイア鏡の接着に関しては，接着強度が十分であること，熱伝導率が十分に高いこと，機械的損失が十分に小さいことが必要である．KAGRA では 20 K まで冷やしたサファイアを用いる．

鏡の冷却に関しては，冷却に要する時間も重要である．干渉計は，装置が完成してスイッチを入れさえすればきちんと動き始めるようなものではない．目標感度を達成するために，非常に長期間のコミッショニングが必要である．また，時には真空槽を開けて鏡の懸架システムに改良を施す必要もあろう．その際，鏡を低温から常温に戻し真空槽に大気導入をし，そして改良後，再び真空引きから鏡の冷却までを行わなければならない．したがって，鏡の冷却に時間がかかればコミッショニングにとって大きな時間のロスとなってしまう．

冷却方法の代表的なものとしては，熱輻射と熱伝導が考えられる（図 5.4 参照）．熱輻射は，鏡を低温シールドで非接触に覆うことにより，鏡と低温シールドの間の熱輻射のやりとりを一方通行にすることで鏡を冷却するものである．黒体輻射のパワーは，T^4 に比例するため，もっぱら温度が高いとき，つまり初期冷却に有効である．また，輻射の効率は物体の放射率に依存する．物体が黒く黒体輻射に近いほど熱輻射冷却の効率は高まる．そこで，鏡の周辺の物体を黒くすることで，それらの物体の熱輻射冷却のスピードを速め，その結果として鏡の冷却時間を短縮することが可能である．黒色のコーティングは，必要な高真空度を損なわないようにアウトガスの少ないものである必要がある．このようなコーティングには，Diamond like Carbon (DLC) やソルブラックが考えられる．熱伝導は，鏡を吊り下げているファイバーを利用するものである．冷凍器を，懸架システムの上段やそれらをつなぐワイヤーを通して，間接的に鏡と熱的に接触させる．その際，冷凍器の引き起こす振動が鏡を揺らすことのないように，十分な防振効果をもつようなヒートリンク（例えば，柔らかくて熱伝導の高い純アルミ線）が必要である．熱伝導は熱輻射の効率が低い低温で効果的である．

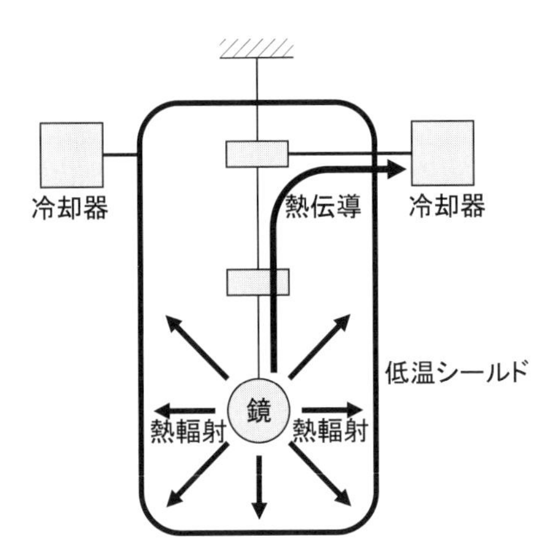

図 5.4　熱輻射と熱伝導による鏡の冷却機構．低温シールドは冷却器により冷やされ，鏡からの熱輻射を吸収することにより鏡を冷却する．鏡の上部の物体は冷却器により冷やされ熱伝導により鏡を冷却する．温度が比較的高いときは輻射が，低いときは熱伝導の効果が優勢となる．

その他の冷却方法としては，ヒートスイッチやガス冷却が考えられる．ヒートスイッチは冷却時のみ冷却装置を鏡に接触させ，冷却後は鏡から離す方法である．これには，高い熱伝導率をもつ接触機構が要求される．また，離すときにスムーズに離れる機構も必要である．ガス冷却は，冷却の際にガスを注入しそれを媒介として冷やす方法である．これには，ガスの注入を，干渉計の真空装置全体ではなく，鏡の入っている真空槽に限ることができるような機構が必要である．

低温鏡に関してはサファイア以外の基材も検討されている．有力なものとしてはシリコンが上げられる．シリコンはサファイア同様に低温でも機械的損失が小さく熱伝導率も高い．ただし，シリコンは $1.064\,\mu\mathrm{m}$ で透明でないため，レーザーの波長を $1.5\,\mu\mathrm{m}$ や $2\,\mu\mathrm{m}$ にする必要がある．ヨーロッパの第 3 世代検出器 Einstein Telescope ではシリコンを 10 K 程度まで冷やして使うことを検討している．また，シリコンは 120 K で熱膨張率がゼロになるため，熱弾性雑音もなくなり，熱変形も生じない．したがって，レーザーパワーを高めることも可能となる．これは LIGO の次のステップとして検討されている．

5.3 量子雑音低減技術

第 4 章で述べたように量子雑音にはショットノイズと輻射圧雑音があり，それはレーザー光の波長とパワーによって決まり，通常の方法では，不確定性原理によって規定される標準量子限界は破れない．しかし，いわゆる光のスクイージングという技術を使うことにより，同じパワーでもショットノイズを下げることができ，また，検出方法を工夫することにより輻射圧雑音を低減することもでき，さらに標準量子限界を破ることも可能である．また，レゾナント・サイドバンド・エクストラクション干渉計においてはディチューニングが可能であり，特定の周波数で感度を高めることが可能であることは第 4 章で述べた．実はディチューニングには光バネという現象が伴い，これを利用して量子雑音を低減することも可能である．以下，スクイージングの技術と光バネについて説明する．

5.3.1　ポンディロモーティブスクイージング

光にはそもそも振幅の量子揺らぎと位相の量子揺らぎが存在し，それらは独立である．光が鏡に当たると，光の振幅の量子揺らぎが鏡を揺らし，その揺れが位相揺らぎとして反射光の位相の量子揺らぎに加えられる．これが輻射圧雑音であることはすでに説明した．しかし，ここで重要なのは，この輻射圧雑音はもともと振幅の量子揺らぎから発生しているため，あたりまえのことであるが，輻射圧雑音と光の振幅揺らぎの間には相関があることである．そして，鏡が自由質点として振る舞う領域，つまり振り子の共振周波数より十分に高い周波数領域では，光の振幅揺らぎの2階積分が位相揺らぎとなる．この2つの雑音にはこのような相関があるため，図5.5のように，総合的に見た光の量子雑音の大きさは，ある方向に伸び，ある方向には縮む．これが，いわゆるポンデロモーティブスクイージングである．

重力波信号は光の位相変化として現れるため，通常の検出方法では重力波信号が最大となるように行われる．しかし，局所光と測定すべき光の相対位相を

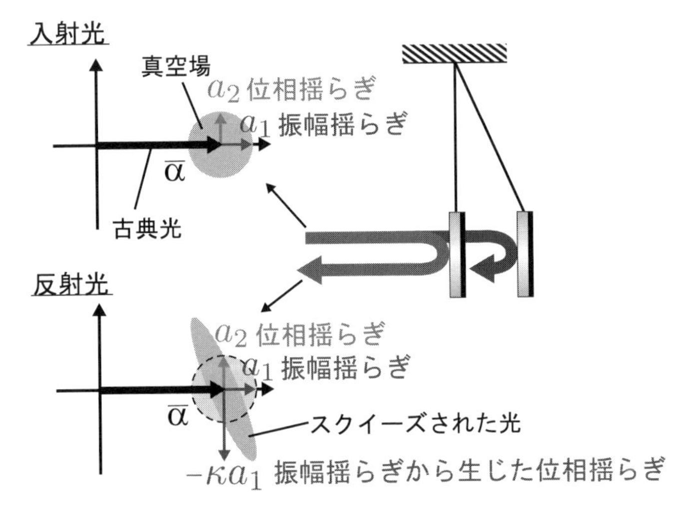

図 5.5　ポンディロモーティブスクイージングのメカニズム．入射光は古典光および，振幅揺らぎと位相揺らぎから成る真空場揺らぎから構成される．この光が懸架鏡に当たると，光の振幅揺らぎにより鏡が揺さぶられる．したがって反射光にはもとの振幅揺らぎから生じた位相揺らぎが印加される．もとの振幅揺らぎと新たに生じた位相揺らぎは相関をもっているので，量子揺らぎはスクイーズされる．

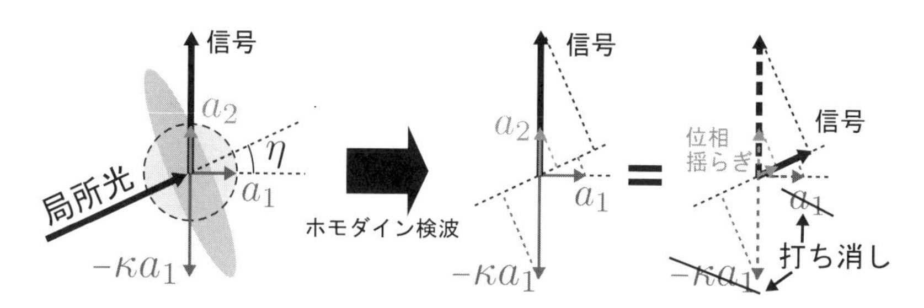

図 5.6 ホモダイン検波による量子雑音打ち消しのメカニズム．ポンデロモーティブスクイーズされた光を適当なホモダイン位相 η をもつ局所光で検波する．すると，ちょうどもとの振幅揺らぎと新たに生じた位相揺らぎが打ち消し合い，輻射圧雑音を消すことができる．

調整することにより，任意の方向に対する検出が可能となる．つまり，この検出の方向を適当に選ぶと，重力波信号や量子雑音は，すべてこの検出軸に投影されたものが検出されるようになる．このような測定方法をホモダイン検波という．そこで，図 5.6 のように，反射光の振幅揺らぎとそれによって誘起された位相揺らぎが，それぞれ検出軸に投影されたものがちょうど同じ大きさで逆向きになるように，検出軸を選んでやる．

すると，反射光の振幅揺らぎとそれによって誘起された位相揺らぎは 2 階積分の相関をもっているので完全にキャンセルする．つまり，輻射圧雑音（振幅揺らぎによって誘起された位相揺らぎ）は完全に消すことができる．したがって標準量子限界を破ることも可能である．もちろん，重力波信号は検出軸に投影されるため小さくなるが，もともとの位相雑音も同じように検出軸に投影されて小さくなるため，ショットノイズによるリミットは変わらない．

なお，ポンディロモーティブスクイージングの大きさは鏡の動きやすさに依存する．鏡が軽く光が強いほどポンディロモーティブスクイージングの度合いは大きくなる．また，同じパラメータをもつシステムにおいても周波数によってその度合いは異なる．低周波では鏡は動きやすく，高周波では動きにくいため，周波数が低いほど，ポンディロモーティブスクイージングの度合いは大きくなる．したがって，上記の方法によりある周波数において輻射圧雑音をキャンセルし，標準量子限界が破れたとしても，別の周波数では，ポンディロモーティブスクイージングの度合いが違い，最適な検出軸が異なるため，輻射圧雑

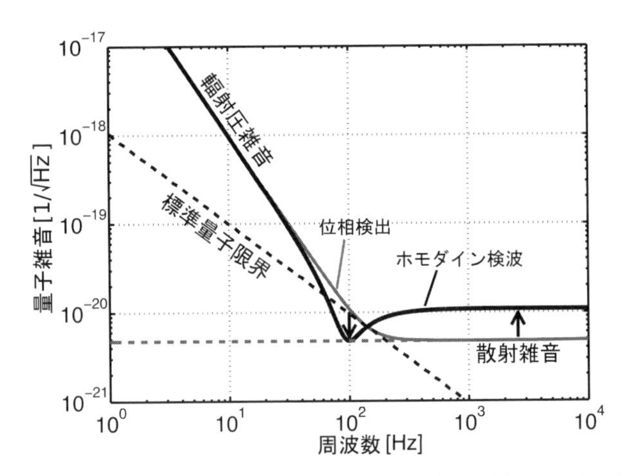

図 5.7　ホモダイン検波をしたときの重力波検出器の感度曲線の例．ある周波数（この場合 100 Hz）におけるポンデロモーティブスクイージングに最適化したホモダイン検波を行うとその周波数での輻射圧雑音を完全に打ち消すことができる．ただし，高周波領域ではショットノイズは悪化する．

音をキャンセルすることはできない．それどころか，高周波においては，図 5.7 のように，もとの振幅雑音の揺らぎが検出軸に投影され新たな雑音となるため，位相検出をした場合と比べて雑音は大きくなる．

そこで考えられたのが検出軸の選び方に周波数依存をもたせてやる方法である．これは，例えば干渉計の出力光を光共振器に通してその透過光を使うことにより実現できる可能性がある．すべての周波数において，検出軸を輻射圧雑音がキャンセルできるように選んでやれば，全周波数領域において量子雑音はショットノイズのみとなる．したがって，広い周波数領域において標準量子限界を破ることが可能となる．

ところで，スクイージングの度合いは光の損失に強く依存することに注意が必要である．もし，光の損失がゼロであったら，上記の説明は実現可能である．しかし，実際には光の損失は至るところで発生する．そして，光が損失するところでは，そこにスクイーズされていない真空場が入ってきて光と干渉を起こすため，スクイージングの度合いが劣化するのである．

5.3.2 インプットスクイージング

ポンデロモーティブスクイージングは懸架されたミラーに光を当てることにより自動的に作られたが，スクイーズド光は非線形結晶を用いても作ることができる．非線形光学素子とは，その結晶にかける電場と誘起される電気分極の関係が非線形なものである．例えば，結晶中で光電場の 2 乗に比例して電気分極が誘起される結晶に，キャリア光と周波数が 2 倍の光を入射するとパラメトリック励振を起こすことが可能である．これを利用してキャリア光のサイドバンドに相関をもたせることができる．光の振幅の量子揺らぎと位相の量子揺らぎはサイドバンドの和と差であるので，振幅と位相のどちらかを小さく，そして不確定性関係よりもう一方を大きくすることが可能である．これがスクイーズされた光である．第 4 章で述べたように，干渉計の量子雑音は，検出ポートから干渉計に真空場を入射することにより正しく取り扱うことができた．そこで，このスクイーズド光，特に光の位相に関する量子揺らぎを小さくした光を検出ポートから入射してやると，干渉計のショットノイズを低減することができるのである．

この技術は世界のいくつかの研究室において開発され，すでに GEO600，そして LIGO でも組み込まれ，その有用性が実証されている．まず，GEO600 で用いられた実験を紹介する．図 5.8 に示すように，干渉計に使われている波長 1.064 μm のレーザーと位相ロックした 3 つのレーザーがスクイーズド光の発生に使われている．まず，2 W のレーザーは 2 次高調波光学素子で構成される光共振器に入射され，倍波（波長 0.532 μm）の光が生成される．その光は 3 枚鏡から成る光共振器で高周波領域での強度や周波数の安定化がなされた後，パラメトリック増幅光学素子に入射される．残りの 2 つのレーザーを適当な位相で重ね合わせた光もパラメトリック増幅光学素子に導かれる．この共振器は，そこから出射されるキャリア光が非常に弱く，そのショットノイズが事実上無視できるように調整されている．そうすると，出射光はキャリアは存在しないが，振幅と位相がスクイーズされた真空場となる．これを干渉計の検出ポートから入力するのである．

この結果確かに干渉計のショットノイズが低減したことが確認された（図 5.9

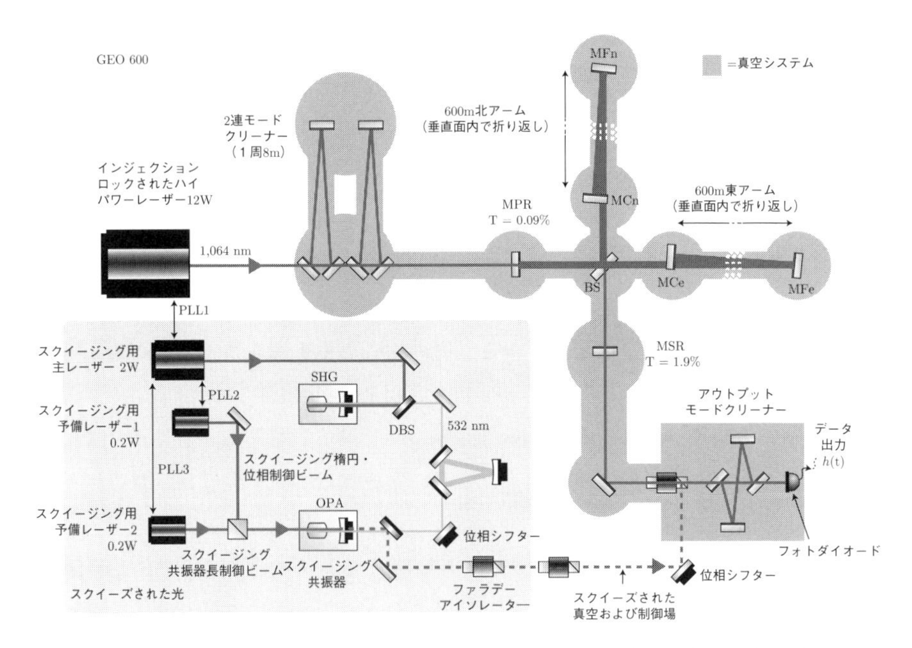

図 5.8　GEO600 のインプットスクイージングの光学系と主干渉計．左下の光学系によりスクイーズド光が生成され，それを主干渉計の検出ポートから注入している（[14] より引用）．

参照）．GEO600 の 700 Hz 以上の感度はショットノイズで制限されていたが，スクイーズド光を用いることにより，ショットノイズが 3.5 dB 低減したのである．例えば 3 kHz の周波数においては，ストレイン感度は $1.0 \times 10^{-21}\,\mathrm{Hz}^{-1/2}$ から $6.7 \times 10^{-22}\,\mathrm{Hz}^{-1/2}$ に改善した．また，重要な点はインプットスクイージングを用いることで低周波領域の感度が一切悪化しなかったことである．ちなみに，入射されたスクイーズド光は 10 dB の感度の改善をもたらすことのできるものであったが，残念ながら主干渉計やアウトプットモードクリーナー等における光学的ロスや光検出器の不完全な量子効率などのため，スクイージングの度合いは 10 dB から 3.5 dB にまで劣化した．したがって，今後光学的ロスをより低減することができれば，インプットスクイージングによるショットノイズ低減の度合いをより高めることが可能である．この実験結果は，スクイージングの技術を用いることにより，初めて重力波検出器の感度改善に有意な寄与

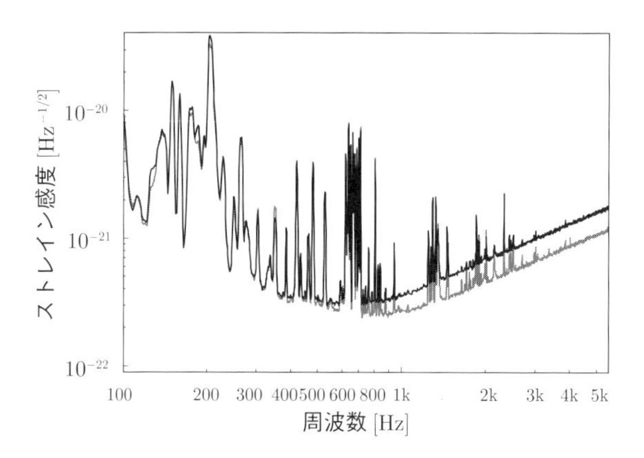

図 5.9 GEO600 の感度曲線．上の曲線がインプットスクイーズド光を入力しない場合の感度，下の曲線が入力した場合の感度である（[14] より引用）．

をしたことで非常に高く評価されている．

また，同様な実験はすでに LIGO のハンフォードサイトでも行われている．図 5.10 に示すように，こちらも 400 Hz 以上で 2.15 dB の感度改善が達成されている．

なお，インプットスクイージングはショットノイズを低減するのに役に立つが，もちろんレーザーパワーを上げることによってもショットノイズの低減は可能である．しかし，レーザーパワーを上げると現実的にはさまざまな問題が生じる．例えば鏡やビームスプリッターがレーザー光の吸収により不均一に暖められ，表面の変形やバルクの中の誘電率の場所依存を引き起こす．このため，パワーを上げても実際には感度が悪化することもしばしば起こる．また，光のパワーを高くすると，パラメトリックインスタビリティーと呼ばれる，鏡の機械的変形と光の高次モードがカップルして共振器の不安定性を引き起こす現象が生じる．こうなると干渉計は動作しなくなる．このように，レーザーパワーを高めるとさまざまな問題が生じる可能性があるが，それに比べてインプットスクイージングによるショットノイズの改善にはこれといった欠点は見当たらない．

なお，インプットスクイージングは光の位相雑音を低減するため，その身代わりとして振幅雑音が増え，輻射圧雑音が増える．現在の重力波検出器におい

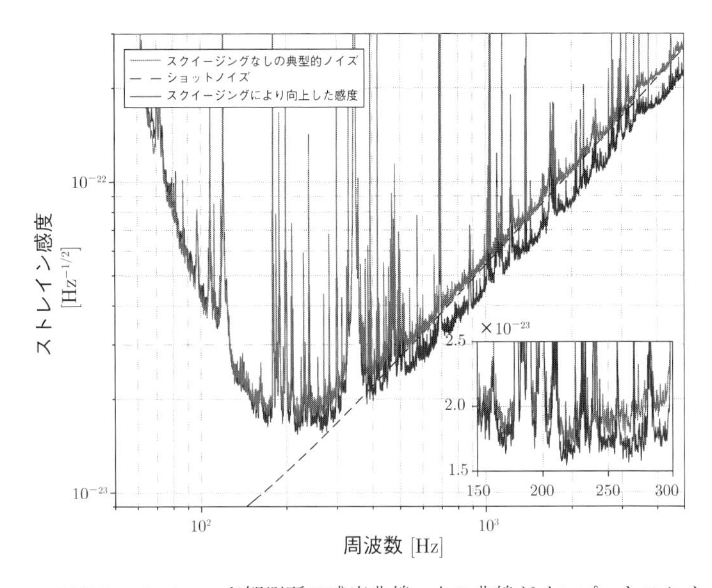

図 5.10　LIGO ハンフォード観測所の感度曲線．上の曲線がインプットスクイーズド光を入力しない場合の典型的な感度，下の曲線が入力した場合の感度である．ショットノイズは点線で示されている．また，右下のボックス内には 150 Hz から 300 Hz の感度の拡大図が示されている．これによると 150 Hz あたりまではインプットスクイージングによる感度の改善が確認できる（ [15] より引用）．

ては，まだ感度が輻射圧雑音により制限されていないため，それは問題にはならない．しかし，今後干渉計の感度が高められ，輻射圧雑音で制限される感度が実現したときには，それに対する対処が必要である．これに関しては，ポンディロモーティブスクイージングのところで述べたように，最適な周波数依存性をもつスクイージング角を光共振器を用いて実現してやることで，ショットノイズの低減というメリットを維持したままで，輻射圧雑音の低減も可能となる．

5.3.3　光バネ

まず，光バネの原理について説明する．2 枚の懸架鏡から成る光共振器を考える．この共振器に光を入射したところ，共振器内で光が完全に共振する条件から，共振器長が長すぎる方向（こちらを正の方向としよう）にわずかにずれているとしよう（図 5.11 参照）．共振器はこの状態で平衡状態にあるものとする．さて，この状態から懸架鏡をさらに正の方向に少しずらしてやる．すると

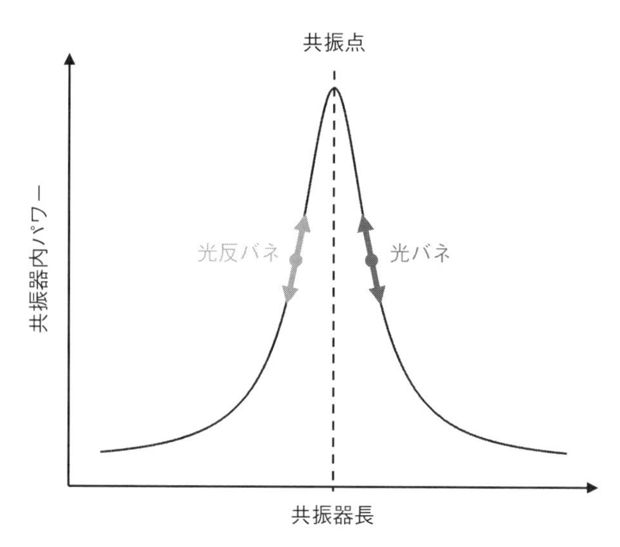

図 **5.11**　光バネと共振点からのずれの関係．鏡の共振点からのずれの方向に応じて光バネか光反バネ効果が現れる．

共振器内の光のパワーは減少し，光の輻射圧が減り，鏡は負の方向に引き戻される．逆に，鏡を負の方向にずらした場合は輻射圧が増え，正の方向に押し戻される．これが光バネの原理である．なお，最初に共振器内で光が完全に共振する条件から，共振器長が負の方向にずれている場合はまったく逆のことが起こる（光反バネ効果）．

レゾナント・サイドバンド・エクストラクション干渉計でディチューニングを施した場合も，メカニズムはやや複雑であるが，結果的に光バネ効果が現れる．光バネ効果は通常のバネと同様，懸架鏡の共振を引き起こすためその共振周波数において重力波信号の増幅が起こる．なお，この現象はすでに実験的に確認されている [16]．

量子雑音の取り扱いはやや複雑であるが，結果的には図 5.12 に示すように，量子雑音に 2 つのディップが現れる．このうち片方が光バネの効果を含んだホモダイン検波によるものである．ちなみにもう一方のディップは，ディチューニングの本来の目的である，ある周波数で重力波サイドバンドの抜き出しを弱めることに伴って現れたものである．

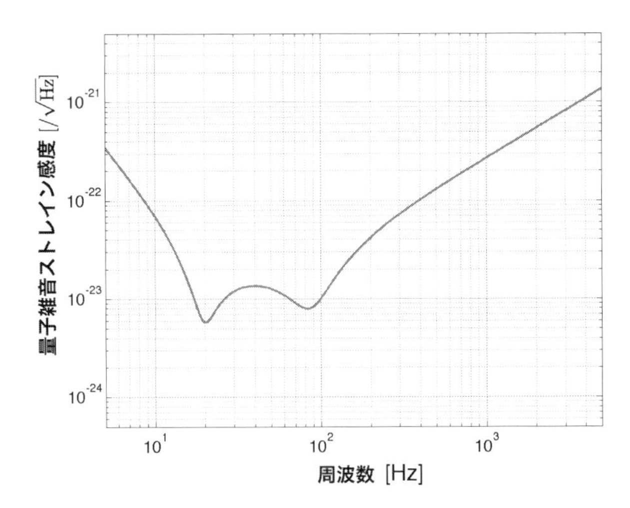

図 5.12　ディチューニングのあるレゾナント・サイドバンド・エクストラクション干渉計の量子雑音．アーム長は 3 km，アーム共振器のフィネスは 1500，鏡の質量は 22.7 kg，ビームスプリッターへの入射パワーは 19 W，シグナルエクストラクション鏡の反射率は 85 %，ディチューニングは共振条件より 10 度，ホモダイン位相は −40 度である．

第6章 データ解析

6.1 データ取得，較正，ストレインデータの生成

6.1.1 データ取得システム

干渉計に関するほぼすべての信号はデジタル化され，計算機による信号処理を経て，干渉計のさまざまなアクチュエーターにフィードバックされ，干渉計の制御が行われる．また，これらの信号とそれを規定するデータはすべて計算機に保存され，適宜転送，配布される．このデータ取得システムは，スピードが速く，大容量を扱えることが重要である．スピードに関しては，制御の帯域をできるだけ広くとりたいことなどから，その要求値が決まってくる．また，容量に関しては，干渉計の多数の重要な信号を漏らすことなく長期間記録できることが必要である．

また，地面振動，音響，温度などのさまざまな環境信号もデータとして保存することが極めて重要である．干渉計には，環境の変動等を原因とする何らかの信号が生じることがあり，それらを記録しておくことにより，本物の重力波信号か環境依存の信号かを判断することができる．

6.1.2 干渉計の較正とストレインデータの生成

干渉計および制御システムのさまざまな出力の中でもっとも重要なものは，当然のことながら両腕の光路長差を含む出力である（ちなみに，この両腕の光路長差を含む出力には，エラー信号，フィードバック信号，そしてその途中の信号などいろいろなものが考えられるが，この時点では特に限定しないでおこう）．もし重力波が存在する場合は，重力波はこの光路長差を含む出力（以後，

簡単のため単に干渉計出力と呼ぶ）に現れる．しかし，干渉計出力と鏡の変位信号との関係はあらかじめわかっているものでもないし，またその周波数特性も，干渉計の制御特性に依存する複雑なものである．したがって，干渉計出力から鏡の変位信号を得るためには，その伝達関数を正しく求める必要がある．これが干渉計の較正である．

干渉計の較正には2つの段階がある．1つ目は，鏡の制御に使うアクチュエーターの効率 G_{act} である．これは正確にはアクチュエーターにかける電圧 V_{act} から鏡の変位 x_{mir} までの伝達関数である．

$$G_{\mathrm{act}} = \frac{x_{\mathrm{mir}}}{V_{\mathrm{act}}}. \tag{6.1}$$

もう一つは干渉計の応答 G_{inf} である．正確にいうと，アクチュエーターにかける電圧 V_{act} から干渉計出力電圧 V_{inf} までの伝達関数である．

$$G_{\mathrm{inf}} = \frac{V_{\mathrm{inf}}}{V_{\mathrm{act}}}. \tag{6.2}$$

これら2つの量が求められれば，以下のように干渉計出力 δV_{inf} から鏡の変位信号 δx_{mir} を求めることができる．

$$\delta x_{\mathrm{mir}} = \frac{G_{\mathrm{act}}}{G_{\mathrm{inf}}} \delta V_{\mathrm{inf}}. \tag{6.3}$$

まず，鏡のアクチュエーターの効率の測定方法について説明する（図6.1参照）．鏡には外部のコイルと鏡に取り付けられた磁石を用いたアクチュエーターなどがついており，外部コイルに電流を流すことにより，磁場を発生させ，磁石に力を加え，鏡の変位を制御できるようになっている．ここでは簡単のため，コイルに何らかの直列抵抗（コイル自身の抵抗も含む）が取り付けられており，コイルと抵抗に印加する電圧として V_{act} を規定する．V_{act} から鏡の変位 x_{mir} までの伝達関数の計測にはいくつかの方法があるが，ここではマイケルソン干渉計のミッドフリンジロックを利用して行う方法について説明する．今，簡単のため，マイケルソン干渉計が非常に狭い周波数帯域でミッドフリンジにロックされていると仮定しよう．このとき，帯域外のある周波数で，コイルに一定電圧を印加する．鏡は揺さぶられ，干渉光の明暗，したがって光検出器の出力

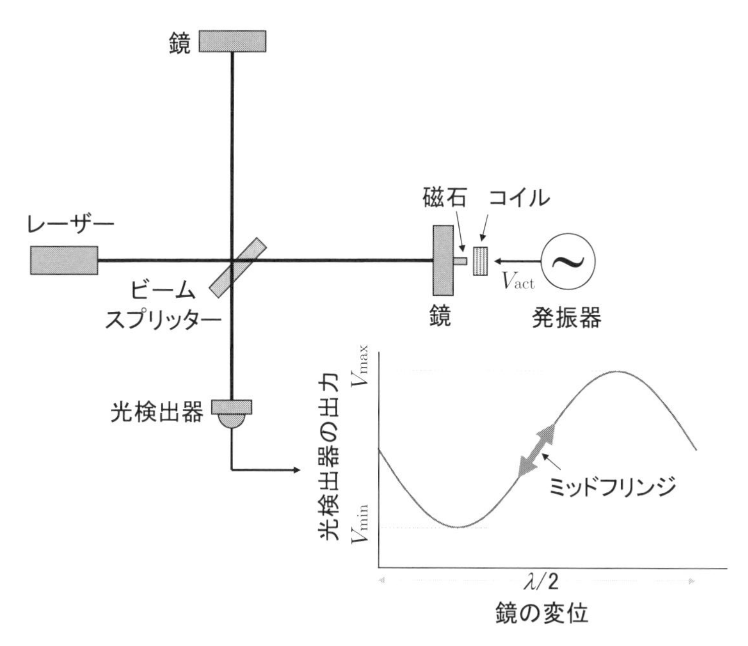

図 6.1 アクチュエーターの効率測定．マイケルソン干渉計を構成する鏡には磁石–コイルのアクチュエーターがついている．また，干渉光を光検出器で検出した出力は鏡の変位によって図のように変化する．干渉計がミッドフリンジにあるときに，コイルに発振器から電圧を加えるとミッドフリンジのまわりで検出器の出力が変化する．

は変化する．鏡の変位に対して光検出器の出力は図 4.2 に示されているように変化するので，あらかじめブライトフリンジとダークフリンジの出力値を記録しておけば，鏡がどれだけ揺さぶられているかがわかる．これによって，アクチュエーター効率を知ることができる．ちなみにコイルへの印加電圧から生成される磁場の大きさまでの伝達関数は，コイルのインダクタンスが抵抗に比べて無視できる範囲では，周波数依存をもたない．しかし鏡に加わる力から，鏡の変位までの伝達関数は，運動方程式より，周波数のマイナス 2 乗に比例する．

ファブリペロー・マイケルソン干渉計において，エンド鏡のアクチュエーター効率を知ることも，次のようにすれば可能である．まず，エンド鏡をミスアラインするなどして，フロント鏡だけから構成されるマイケルソン干渉計を構成する．そして前述の方法でフロント鏡のアクチュエーター効率を測定する．次に

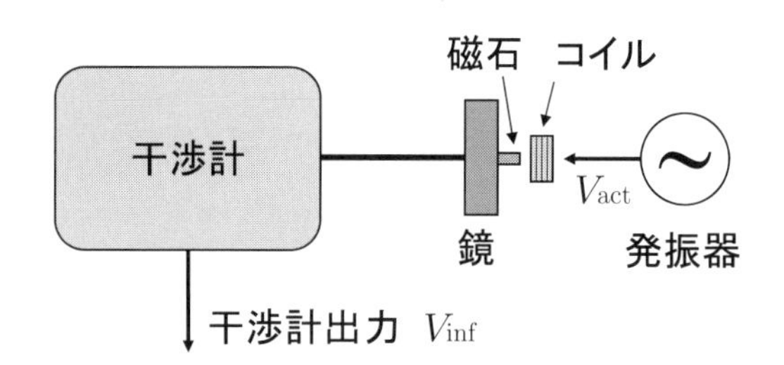

図 6.2 干渉計の応答測定．干渉計を構成する鏡には磁石–コイルのアクチュエーターがついている．また，その鏡の変位を検出する何らかの干渉計があり，その出力を $V_{\rm inf}$ とする．コイルには発振器から $V_{\rm act}$ が加えられる．

ファブリペロー・マイケルソン干渉計を動作させ，フロントミラーのアクチュエーターに一定信号を加えた場合，干渉計の重力波信号にどのような信号が現れるかを計測する．次に，エンド鏡のアクチュエーターに関して同様な測定を行う．そして2つの計測結果を比べることにより，きちんと較正されたフロント鏡のアクチュエーター効率の情報を使って，エンド鏡のアクチュエーター効率を知ることができる．

静電力を利用したアクチュエーターに関しても同様の方法でアクチュエーター効率を求めることができる．また，鏡に別途レーザー光を当て，光の強度を変化させることにより，光の輻射圧を利用して鏡の変位を較正することも可能である．

次に干渉計の応答に関する測定方法について説明する（図6.2参照）．これは，単に，アクチュエーターに電圧 $V_{\rm act}$ をかけ，干渉計出力電圧 $V_{\rm inf}$ までの伝達関数を測定するだけである．ここで，問題は干渉計出力電圧として，どの信号を選択するかということであり，信号雑音比の観点から最良の信号を選ぶ必要がある．そして，この伝達関数は，選択する信号に依存して複雑な周波数特性をもちうる．

干渉計の較正はこのように行うことができ，干渉計出力 $\delta V_{\rm inf}$ から鏡の変位信号 $\delta x_{\rm mir}$ を求めることができる．そしてそれをアーム長で割ることにより，いわゆる重力波のストレインデータ $h(t)$ を求めることができる．

しかし，いったん，較正したとしても，干渉計の状態は徐々に変わっていく．そこで，比較的変動が小さいと考えられるアクチュエーター効率に関しては，適当な頻度で較正を行う．そして，次の較正までの間はその値を用いてストレインデータの生成を行う．また，レーザー光のパワーの変動やアラインメントの変動などによって影響を受ける干渉計出力の応答については，常時，1〜2か所の周波数で鏡を揺すってやり，その応答と制御フィルターの周波数応答などから，リアルタイムで較正する手法がとられる．

6.2　各重力波源に対するデータ解析

もし，干渉計の雑音に対して重力波信号が圧倒的に大きければ，時系列のストレインデータを眺めるだけで重力波信号の存在を確かめることができるであろう．しかし，実際はそんなことはなく，重力波信号は干渉計の雑音に埋もれていることがほとんどである．したがって我々は，そのような雑音に埋もれた重力波信号をうまく取り出す方法を考え出す必要がある．これを可能にするためデータ解析の役割が非常に重要となる．幸い，重力波源によっては，その重力波発生のプロセスに独特な重力波波形を生じるものも多いので，それを利用して雑音に埋もれた重力波信号を見つけ出すことが可能である．

重力波信号はその波形によって，インスパイラル重力波，連続重力波，バースト重力波，背景重力波の4種類に分けられる．以下，それぞれの重力波に対するデータ解析について説明する．

6.2.1　インスパイラル重力波

中性子星連星やブラックホール連星の合体前の重力波信号はインスパイラルという独特の波形を示す．この波形は一般相対性理論のポスト・ニュートニアン近似によって計算でき，波形の詳細は連星の質量などのパラメータに依存する．したがって，このような波形をもつ信号を雑音の中から探し出すのである．これは基本的には期待される波形と時系列のストレインデータとの相関をとることにより行われる．この手法はマッチトフィルターによるデータ解析と呼ばれる．具体的には，理論波形（これをテンプレートと呼ぶ）とストレインデータの掛け算をし，それを時間積分するのである．これは雑音の中からある周波数の成分を取り出すフーリエ変換を一般化したようなものであるといえる．より具体的には，周波数領域において，以下のような統計量 ρ を計算する．

$$\rho = 2\int_{-\infty}^{\infty} \frac{s(f)h^*(f)}{S_h(|f|)} df. \tag{6.4}$$

ここで f は周波数，$s(f)$ は干渉計からの較正されたストレイン時系列データ $s(t)$ のフーリエ変換，$h(f)$ はテンプレート $h(t)$ のフーリエ変換（* は複素共役を表す），$S_h(f)$ はストレイン感度の片側パワースペクトル密度である．もし重力波信号が含まれていたなら ρ は大きくなるはずである．したがって，ρ にある閾値を設定してやり，その閾値を超える ρ が得られた場合は，重力波信号が含まれている可能性があると判断する．

さて理論波形（テンプレート）は連星の質量や合体時刻のタイミングに依存するので，それらをパラメータとするテンプレートをたくさん作っておき，実際のデータと相関をとる（図 6.3 参照）．ストレインデータが，ある質量，時刻に対応する信号を含んでいるとすると，パラメータ空間において，そのパラメータに対応する ρ だけが突出する（図 6.4 参照）．したがって，マッチトフィルターによるデータ解析を行うことにより，重力波信号を含む可能性があることがわかるだけでなく，もしそれが本当に重力波信号だった場合には，その連星の質量や合体時刻なども推定できる．

マッチトフィルター解析で重要なことは，十分な数のテンプレートを準備することである．あるパラメータをもつテンプレートと隣のパラメータをもつテンプレートの間隔が開きすぎていたら，高い ρ を与えるテンプレートがその 2 つのテンプレートの間にきてしまい，重力波信号の検出をミスしてしまう可能性もある．したがって，あらかじめ ρ がそれほど違わないようなパラメータ空間の網目に対応するテンプレートを用意する必要がある．しかし，あまりにも網の目を細かくしすぎても，テンプレートの数が膨大になり，計算時間が増大するので適度な網の目を設定する必要がある．通常は，ρ の最大値から数%程度以内の減少に対応する網の目を設定する．

なお，干渉計の雑音は一般に非定常であるので，たまたまテンプレートの一部と合致して大きな ρ を与えてしまうこともある．これを排除するために，重力波信号の理論的な時間発展と合致しているかをチェックする方法もある．イ

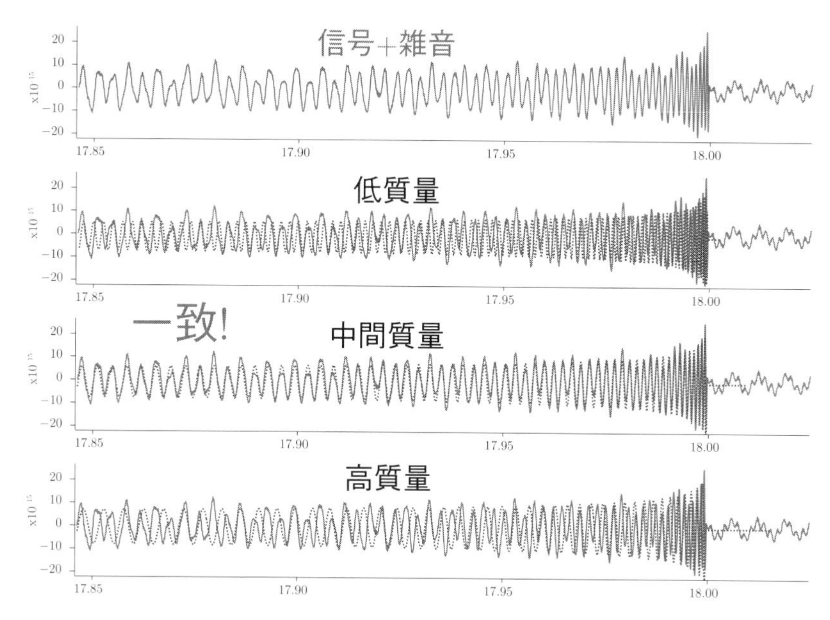

図 6.3 マッチフィルターの概念図．1 番上：干渉計の雑音に重力波信号を加えたデータ．2〜4 番目：データ（実線）と低質量，中間質量，高質量に対応するテンプレート（点線）．中間質量の場合にデータとテンプレートに強い相関がある（神田展行，"砂中の玉石– TAMA300 データからイベントを探す"，第 16 回「大学と科学」公開シンポジウム (2001) の講演資料を改変）．

ンスパイラルのフェーズにおいては，周波数空間で見ると振幅は $f^{-7/6}$ の依存性をもつのでこれを反映する統計量を導入し，それを指標として本物の重力波かどうか確認するのである．

また，2 台以上の干渉計が動作している場合は，それらの相関をみることにより，その重力波信号の候補イベントが，局所的な雑音によって生じたものなのか本物の重力波信号なのかに対して強力な判断材料となる．重力波のスピードは光速であるので，本物の信号であるならば，複数の干渉計間の距離に対応する時間差以上はずれることができないからである．

6.2.2 連続重力波

パルサーは回転する中性子星であるが，軸対称からのずれに応じて重力波が放射される．重力波の周波数は，重力波の四重極放射の特性から，回転周波数

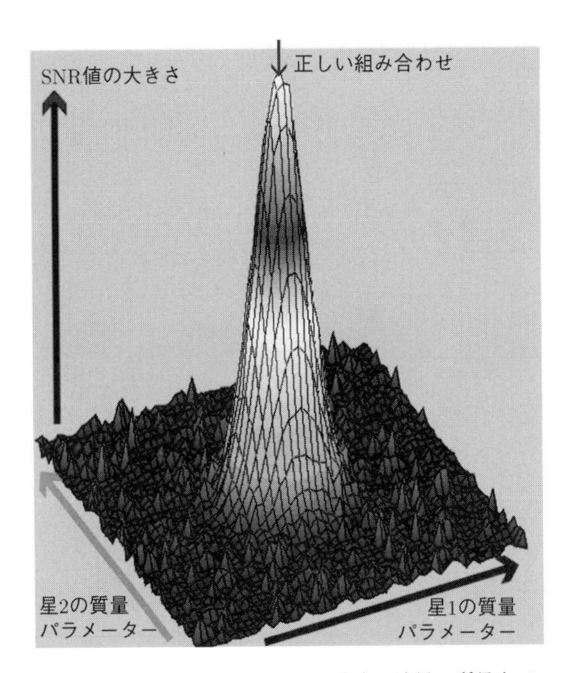

図 6.4　マッチトフィルターによるパラメータの決定．連星の質量をパラメータとして ρ をプロットした図．ある特定の質量の組合せに対して ρ が大きくなっている様子が示されている（Credit: 神田展行）．

の2倍となる．パルサーからやってくる重力波はサイン波となり，観測のタイムスケールにおいては連続波となる．一般に，このような重力波は以下のように表せる．

$$h(t) = F(t)h_0 \cos(4\pi f_{\mathrm{s}} t + \delta\phi(t)). \tag{6.5}$$

ここで $F(t)$ と $\delta\phi(t)$ は，波源と検出器の相対運動によって決まる振幅および位相変調である．もし，重力波源と検出器の位置がともに変化しなければ，振幅や位相は定数となり，連続波が存在すれば，ストレインデータのフーリエ変換に信号が現れる．

しかし，実際は，検出器が設置されている地球は自転・公転をしているため，振幅や位相はそれに応じて変化する．したがって，それを組み込んだテンプレートを作ってやり，マッチトフィルター解析を行う必要がある．また，重力波源自体の動きも振幅や位相に影響を与えるため，こちらも正しく組み込む必要がある．さらに，パルサーの場合，グリッチと呼ばれる現象がある．パルサーの回転周波数は非常に規則正しいのであるが，ごくまれに突然パルス間隔が乱れる現象である．こちらは周波数自体が変化するものであるが，位相変化に押し付けることも可能である．

さて，自転周波数や位相が観測により得られている，あるいは推測される場合，それらを $f_{\mathrm{s,m}}, \delta\phi_{\mathrm{m}}(t)$ とおき，時系列データに掛けて積分してやる．すると信号雑音比 ρ の 2 乗は，

$$\rho^2 \simeq \int_0^T dt \frac{h_0^2}{S_h} \cos(4\pi f_{\mathrm{s}} t + \delta\phi(t)) \cos(4\pi f_{\mathrm{s,m}} t + \delta\phi_{\mathrm{m}}(t)) \tag{6.6}$$

$$\simeq \frac{h_0^2 T}{2S_h} \left(1 - \frac{T^2}{6} \Delta\dot{\phi}^2\right) \tag{6.7}$$

となる．ここで T は積分時間，$\Delta\dot{\phi} = 4\pi(f_{\mathrm{s}} - f_{\mathrm{s,m}}) + \delta\dot{\phi}(T/2) - \delta\dot{\phi}_{\mathrm{m}}(T/2)$ である．振幅・位相の測定値が正しくわかっている場合は $\Delta\dot{\phi} = 0$ であり，信号雑音比は $\rho \simeq h_0\sqrt{T/2S_h}$ となる．これは，信号雑音比が積分時間のルートで改善することを示している．

さて，ここで重力波源として 3 つの場合を考えよう．まず 1 つ目は，電波により観測されているパルサーである．この場合，重力波源の方向がわかっているので地球の自転・公転による振幅・位相の変化は完全に計算できる．また，パルスの情報も観測により得られているので，たとえグリッチが存在したとしても対処可能である．したがって，データ解析の精度は高くなる．

2 つ目は，方向はわかっているが，パルス信号は見えていない場合である．例えば超新星爆発の残骸には回転する中性子星が存在する可能性があるが，パルスビームがたまたま地球の方向を向いていない場合は電波観測はできない．この場合，回転周波数は不明であるので，周波数の違った多数のテンプレートを作る必要がある．しかし，方向がわかっているので地球の自転・公転による補正は計算できる．もちろんグリッチの情報は何もないので，ある期間，グリッチが起こらないものと仮定してデータ解析を行う必要がある．

3 つ目は，方向すらわかっていない場合である．この場合は，周波数とともに，方向に応じた地球の自転・公転による補正にも未知のパラメータが入ってくるので，テンプレートの数は膨大なものになる．

6.2.3　バースト重力波

超新星爆発のメカニズムはまだ完全に解明されておらず，したがって超新星爆発からどのような重力波が発生するかもよくわかっていない．しかし，重力波の継続時間は比較的短く，その周波数分布も比較的狭いと考えられている．このようなバーストタイプの重力波は，インスパイラル重力波や連続重力波と違い，テンプレートを作ることが有効ではない．したがって，継続時間と周波数分布がある限られた範囲に集中しているという条件のみから，重力波信号の探索が行われる．

重力波信号が以下のような時間周波数領域に限定しているとする．

$$U = [t_s, t_s + \delta t, f_s, f_s + \delta f]. \tag{6.8}$$

ここで (t_s, f_s) は時間周波数空間上での開始点であり，時間，周波数の幅が $\delta t, \delta f$ であるとしている．このとき，この領域でのパワー E を，ストレインデータ $s(t)$ のフーリエ成分を用いて以下のように定義する．

$$E \equiv 4 \sum_{k=k_1}^{k_2} \frac{|s_k|^2}{\sigma}, \tag{6.9}$$

$$\delta f = f_2 - f_1, \quad f_1 = \frac{k_1}{\delta t}, \quad f_2 = \frac{k_2}{\delta t}. \tag{6.10}$$

ただし，

$$s_k = \sum_{j=0}^{N_t - 1} e^{-2\pi i (t_j - t_s) f_k} s(t_j), \tag{6.11}$$

$$t_j = t_s + j\Delta t, \quad N_t = \frac{\delta t}{\Delta t}, \quad f_k = \frac{1}{\Delta t}\frac{k}{N_t} \tag{6.12}$$

である．また，σ は分散である．バースト重力波信号が存在すると，その時間周波数領域でのパワーが増大するので，そこに何らかの閾値を設定し，それ以上のパワーとなった場合は重力波信号の候補イベントとする．また，時間周波数領域の範囲には不定性があるため，隣り合った 2 つの時間周波数領域において閾値を超えた場合はその 2 つの領域を統合して解析を行う．バースト重力波に関しては，干渉計の非定常雑音との区別がつきにくいため，特に複数台の干渉計で同時に閾値を超えることが重要である．

また，複数台の干渉計がある場合は，重力波の到来方向や偏極などをパラメータとして，複数のストレインデータに現れるべき重力波信号の予想から，もっとも尤もらしい重力波信号の情報を推定する手法も用いられている．

6.2.4 背景重力波

宇宙初期，例えばインフレーションの時期に生成された重力波は，等方的，無偏極，定常的であり，周波数的にも比較的なだらかな依存性をもつと考えられる．また，天体起源ではあるが個々の重力波信号に分離できないものも同様の特徴をもち，これらはまとめて背景重力波と呼ばれる．

背景重力波は 1 台の検出器では定常的な雑音との区別がつかないため，複数台の検出器が必要になる．特に，2 つの検出器が同じ場所にある場合は，背景重力波の解析にとってもっとも望ましい．なぜなら，2 つの検出器のストレインデータにはまったく同一の背景重力波の信号が記録されており，一方，装置の個々の雑音に関しては一般に 2 つのストレインデータに含まれる雑音は独立であるからである．したがって，2 台の検出器の相関を長期間とれば，背景重力波信号に対する信号雑音比を改善することができる．

2 つの検出器のストレインデータを

$$s_j(t) = h(t) + n_j(t) \quad (j = 1, 2) \tag{6.13}$$

とする．ここで，$h(t)$ は背景重力波信号，$n_j(t)$ はそれぞれの検出器の雑音である．背景重力波も雑音もランダムな信号なので，その性質は平均（仮想的に観測を多数回行ったときの平均）をとることで特徴づけられる．

ここで，2 つのストレインデータの相関 C を考える．

$$C \equiv \int s_1(t)s_2(t)dt = \int [h^2(t)+h(t)n_1(t)+h(t)n_2(t)+n_1(t)n_2(t)]dt. \tag{6.14}$$

積分区間は $t = 0$ から T（データの時間的長さ）までとする．ここで雑音の平均はゼロとし，$\langle n_j(t) \rangle = 0$，また，雑音は互いに独立であり，背景重力波と雑音の相関もないものとする．C の平均をとると，

$$\langle C \rangle = \int [\langle h^2(t) \rangle + \langle h(t)n_1(t) \rangle + \langle h(t)n_2(t) \rangle + \langle n_1(t)n_2(t) \rangle] dt$$
$$= \int \langle h^2(t) \rangle dt \equiv S \tag{6.15}$$

となる．ここで，S は背景重力波信号の強度を表す．

信号がないときの C を Y とすると，

$$Y \equiv C_{h=0} = \int n_1(t)n_2(t)dt. \tag{6.16}$$

Y の平均は

$$\langle Y \rangle = \int \langle n_1(t) \rangle \langle n_2(t) \rangle dt = 0 \tag{6.17}$$

となる．

ここで，信号雑音比を以下のように定義する．

$$\mathrm{SNR} \equiv \frac{S}{\langle Y^2 \rangle^{1/2}} = \frac{\int \langle h^2(t) \rangle dt}{\langle (\int n_1(t)n_2(t)dt)^2 \rangle^{1/2}}. \tag{6.18}$$

まず，SNR の分子に関しては，$\langle h^2(t) \rangle$ は背景重力波の各時刻における 2 乗平均であるが，背景重力波はいつ観測しても同じように到来していると考えられるので，$\langle h^2(t) \rangle$ は時刻によらない定数であると考えることができる．その定数を P_h とおくと，$S = \int_0^T \langle h^2(t) \rangle dt = TP_h$ となり，T に比例する．

また，SNR の分母に関しては，

$$\langle Y^2 \rangle = \int dt \int dt' \langle n_1(t)n_2(t)n_1(t')n_2(t') \rangle$$
$$= \int dt \int dt' \langle n_1(t)n_1(t') \rangle \langle n_2(t)n_2(t') \rangle$$
$$= \int dt \int d\tau \langle n_1(t)n_1(t+\tau) \rangle \langle n_2(t)n_2(t+\tau) \rangle \tag{6.19}$$

となる．ただし，$t' = t + \tau$ とおいた．ここで，$\langle n_j(t)n_j(t+\tau) \rangle$ は自己相関関数と呼ばれる量で，雑音が定常の場合には時刻の差 τ のみに依存して，時刻 t そのものには依存しないので，$\langle n_j(t)n_j(t+\tau) \rangle = R_j(\tau)$ と書ける．これより，

$$\langle Y^2 \rangle = \int_0^T dt \int d\tau R_1(\tau)R_2(\tau) = T \int d\tau R_1(\tau)R_2(\tau) \tag{6.20}$$

となり，T に比例するので，$\langle Y^2 \rangle^{1/2}$ は $T^{1/2}$ に比例する．したがって，信号雑音比は観測時間 T のルートに比例して改善される．

しかし，もし 2 つの検出器が離れた場所にある場合は，そううまくいかない．重力波の到来方向によって背景重力波がそれぞれの検出器のストレインデータに刻まれる時刻に差が生じるからである．もちろん，非常に低周波領域における背景重力波に関しては 2 つのストレインデータに生じる背景重力波信号の位相差は小さいため，上記の相関解析の理論はそのまま当てはまる．しかし背景重力波の周期が 2 台の検出器の距離に対応する到来時間差に近づいてくると，2 つのストレインデータに生じる背景重力波信号の位相差が大きくなり，掛け算の積分において信号のキャンセルが起こってくる．また，2 つの検出器の姿勢が違うと方向によって刻まれる重力波信号の振幅も違ってくる．これらのキャンセルの度合いを表す量はオーバーラップ・リダクション・ファンクションと呼ばれ，

$$\gamma(f) = \frac{5}{8\pi} \sum_A \int_{S^2} e^{2\pi i f \hat{\Omega}\cdot\Delta\vec{x}/c} F_1^A F_2^A \, d\hat{\Omega} \quad (A = +, \times) \tag{6.21}$$

で表される．ここで，$\hat{\Omega}$ は天球上の方向を示す単位ベクトル，$\Delta\vec{x}$ は 2 台の検出器の相対位置ベクトル，F_j^A $(j = 1, 2)$ はそれぞれの検出器のアンテナパターンである．オーバーラップ・リダクション・ファンクションは，相関解析において背景重力波信号のキャンセルがない場合は 1 あるいは -1 となり，キャンセルの度合いに応じてゼロに近づいていく．したがって，もし，2 つの検出器が完全に同じ場所にありその姿勢も完全に同じであれば，オーバーラップ・リダクション・ファンクションはすべての周波数で 1 となる．しかし，2 台の検出器が離れた場所にあると，考えている背景重力波の周波数が高くなるにつれ，オーバーラップ・リダクション・ファンクションは小さくなりゼロに近づいていく．

具体例として LIGO のハンフォード観測所とリビングストン観測所の 2 つの検出器の間のオーバーラップ・リダクション・ファンクションを図 6.5 に示す．これを見ると 10 Hz 以下の背景重力波に対してオーバーラップ・リダクション・ファンクションは -0.9 である．これはハンフォードとリビングストンの検出

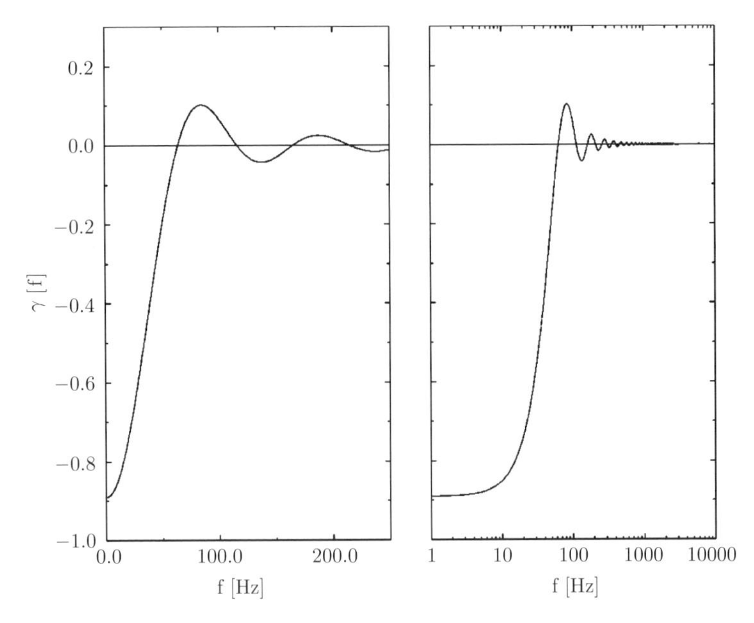

図 6.5　ハンフォード観測所とリビングストン観測所の 2 つの検出器の間のオーバーラップ・リダクション・ファンクション．横軸は右図がログ，左図がリニアになっている（[17] より引用）．

器が互いにほぼ 90° 傾いていることによる．また，20 Hz 付近以上の周波数ではオーバーラップ・リダクション・ファンクションが急激に減少していることがわかる．この周波数は，ハンフォードとリビングストンの距離に対応するものである．

6.3　重力波源の方向

重力波の到来方向は一般に 1 台の検出器のデータからは決められない．インスパイラル重力波やバースト重力波などの信号の継続時間が短い重力波信号に関しては，ストレインデータ上の重力波振幅が，重力波源の方向と同時に距離にも依存するので，この 2 つを分離できないためである．ただし，連続重力波に対しては信号は観測期間を通じて常時存在し，その間に地球の自転・公転のため検出器は重力波源に対しての相対姿勢を変えるため，重力波振幅や位相が変調を受ける．そしてその情報から重力波源の方向を知ることが可能である．残念ながら，継続時間の短い重力波信号に対してはこの手法は使えない．

しかし，検出器が離れた場所に 2 台あると状況は違ってくる．継続時間の短い重力波信号に対して，2 つの検出器におけるストレインデータに刻印された信号の時間差から，その時間差を可能にする重力波源の方向がコーン上に限定される．さらに検出器が離れた場所に 3 台あると，それぞれの検出器のストレインデータにおける重力波信号の時間差から重力波源の方向は 2 つの方向のいずれかに絞られる．しかし，検出器の姿勢はこの 2 方向にとって一般には対称ではないため，検出される重力波の振幅の情報から，どちらの方向からやってきたかが限定できる．

第7章 第1世代検出器と得られたサイエンス

7.1 第1世代検出器

1970年代から80年代にかけて行われた重力波検出器のプロトタイプ実験を経て，1990年台に入って日米欧で第1世代重力波検出器の建設が開始された．それらの検出器は，重力波の検出を実現するための最終ステップという役割をもつ一方，もしかしたら重力波が検出できるかもしれないという期待を併せもつものであった．

第1世代検出器はアーム長300 m〜4 kmをもち，光学系としてはほとんどのものがパワーリサイクルド・ファブリペロー・マイケルソン干渉計型であったが，一部の検出器ではシグナルリサイクリングの技術が使われていた．また，鏡は熱雑音を抑えるため機械的損失の小さい溶融石英から作られ，機械的損失の小さい金属（タングステンやピアノスチール）のワイヤーで懸架されていた．防振装置は金属板と弾性体を何段かに重ねたスタックの上に鏡の懸架システムを置くのが主流であったが，一部の検出器ではすでに超高防振システムが使われていた．

第1世代検出器には，アメリカのinitial LIGO，イタリア・フランスのVirgo，ドイツ・イギリスのGEO600，日本のTAMA300がある．

7.1.1 initial LIGO

The Laser Interferometer Gravitational-wave Observatory (LIGO) はワシントン州ハンフォードに4 kmと2 kmのアーム長をもつ検出器，ルイジアナ州のリビングストンに4 kmの検出器の合わせて3台の装置をもつ観測所である

図 **7.1**　LIGO ハンフォード観測所の航空写真 (Credit: Caltech/MIT/LIGO Lab).

図 **7.2**　LIGO リビングストン観測所の航空写真 (Credit: Caltech/MIT/LIGO Lab).

（図 7.1，図 7.2 参照）[18]．LIGO のインフラ（建物と真空槽）は重力波検出を可能にする第 2 世代検出器 Advanced LIGO でも使われることを想定して建設されている．検出器に関しては，当時，すでに確立していた技術のみを使って構築されたものであり，initial LIGO と呼ばれる．initial LIGO の光学系は，標準的なもの，すなわちパワーリサイクルド・ファブリペロー・マイケルソン干

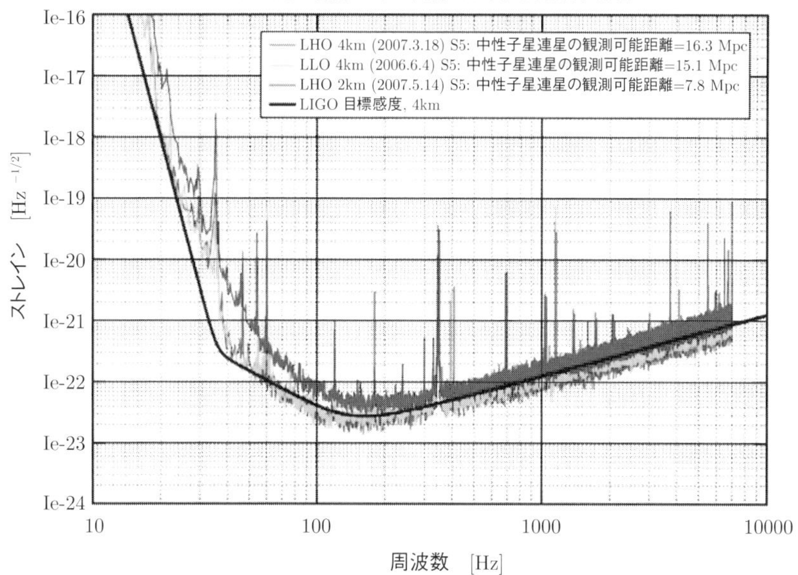

図 7.3 initial LIGO のストレイン感度．ハンフォード観測所の 4 km，リビングストン観測所の 4 km と 2 km，そして当初の目標感度が示されている．横軸は周波数，縦軸はストレイン感度である (Credit: LIGO).

渉計であり，アーム共振器のフィネスは約 220，パワーリサイクリングゲインは約 50 であった．光源は波長 1064 nm，パワー 10 W の Nd:YAG レーザーを使っていた．防振システムは，真空槽自体を油圧式アクチュエーターを使って能動的に防振し，真空槽の中ではスタックの上に鏡を 1 段に懸架したシステムを設置するものであった．

initial LIGO の重力波の引き起こすストレインに対する感度は，150 Hz で $2.5 \times 10^{-23}\,\mathrm{Hz}^{-1/2}$（鏡の変位に対する感度でいうと $1 \times 10^{-19}\,\mathrm{mHz}^{-1/2}$）であった（図 7.3 参照）．この感度は地球から 16 Mpc 遠方で起こる中性子星連星の合体からやってくる重力波信号を信号雑音比 8 で検出できるものであった．initial LIGO の感度は，200 Hz 以上ではショットノイズによって制限されており，低周波領域ではビームスプリッターなどの制御に伴う雑音からのカップリングなどが感度を決めており，50 Hz から 100 Hz までの周波数帯においては雑音の原因が完全には同定されていなかった．

initial LIGO では 2005 年から 2007 年にかけてほぼ 2 年間の観測が行われ，1 台あたりの稼働率は，66%〜79%であり，3 台が同時に動作した稼働率は 53%であった．

7.1.2 Virgo

Virgo は，イタリアのピサの近くに建設された 3 km の観測所であり，LIGO と同様，インフラは第 2 世代検出器 Advanced Virgo でも使われる．検出器は，標準的なパワーリサイクルド・ファブリペロー・マイケルソン干渉計であったが，すでにアウトプットモードクリーナーが組み込まれていた．防振系に関しては，第 2 世代検出器で使われるもののプロトタイプである Super Attenuator と呼ばれる 10 Hz まで有効な超高防振システムが組み込まれていた（図 7.4 参照）．Super Attenuator は倒立振り子と磁石による反バネ効果を用いた低周波縦バネシステムをもった多段懸架システムである．

Virgo の重力波に対する設計感度は 150 Hz で $4.5 \times 10^{-23}\,\mathrm{Hz}^{-1/2}$（鏡の変位に対する感度でいうと $1.3 \times 10^{-19}\,\mathrm{mHz}^{-1/2}$）であった．これは中性子星連星の合体からの重力波に対する検出レンジとしては 12 Mpc に対応するものであった．

Virgo プロジェクトは 2007 年に LIGO Scientific Collaboration (LSC) と今後の LIGO と Virgo のデータの解析は全面的に協力して行う旨協定を結んだ．その後 2007 年から 2011 年にかけて 4 回の観測を行い最終的にはほぼ目標感度に到達した．

7.1.3 GEO600

GEO600 はドイツのハノーヴァーに建設された 600 m のアーム長をもつ検出器である．GEO600 はそのまま第 2 世代検出器に拡張するにはアーム長が短いため，第 2 世代検出器の技術を先取りしてそれを大型干渉計で実証しようという側面が強い．また，ほかの検出器が第 2 世代検出器への改造を行っている間に，もし，大きな重力波がやってきてもそれを検出できるようにという，いわゆるアストロウォッチの目的も併せもっている．GEO600 の特徴は，腕共振器のないマイケルソン干渉計にパワーリサイクリングとシグナルリサイクリング

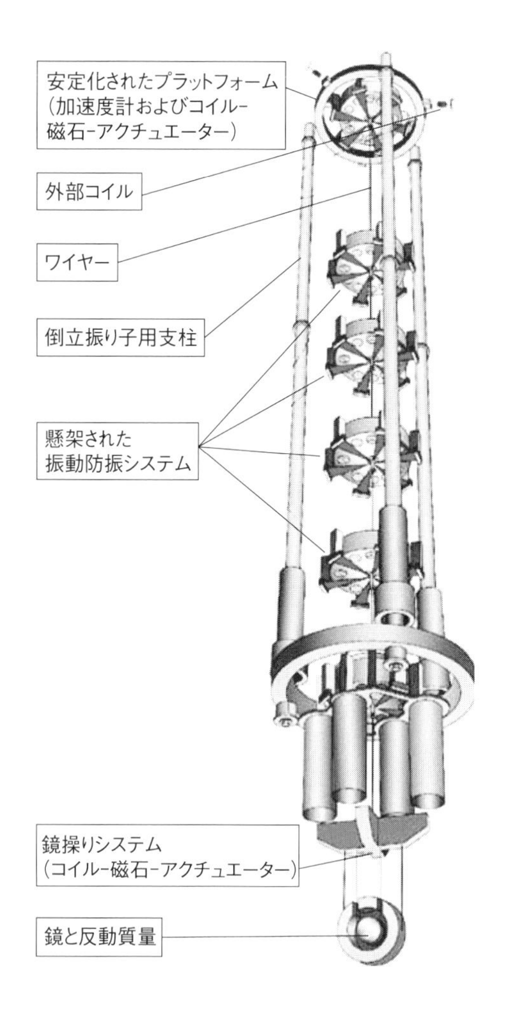

図 **7.4** Virgo の超高防振システム．倒立振り子を含む多段振り子と鏡から構成される．各ステージは金属ブレードに磁石による反バネ効果を加えた縦防振ユニットから成る (Credit: Virgo).

を併用した光学系方式にある．また，シグナルリサイクリング鏡の位置を光の波長に比べてわずかにずらすことによって，ある周波数において量子雑音を最適化することが可能となる．実際，これによって感度曲線を 1 kHz と 550 Hz に

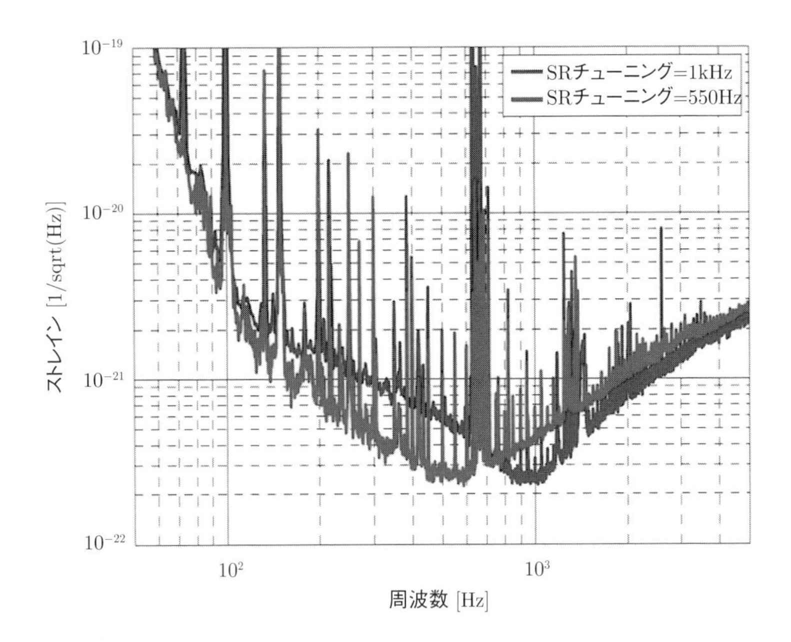

図 7.5　GEO のストレイン感度．シグナルリサイクリング鏡の位置をずらして，1 kHz と 550 Hz に最適化した感度曲線が示されている．横軸は周波数，縦軸はストレイン感度である (Credit: GEO).

調整できることが実証された（図 7.5 参照）．GEO600 はまた，光源からの光を 2 つのモードクリーナーを通過させることにより，ビームの横揺らぎなどを完全に抑え込んでいる．

GEO600 の重力波感度は，もっともよい周波数帯で $2 \times 10^{-22}\,\mathrm{Hz}^{-1/2}$（変位感度は $1.2 \times 10^{-19}\,\mathrm{mHz}^{-1/2}$）であった．感度は，100 Hz 以上ではショットノイズや電気ノイズで制限され，100 Hz 以下では，制御雑音や磁場雑音が雑音の主原因であった．

GEO600 の研究者らは LSC のメンバーでもあり，そのため，GEO600 は initial LIGO とともに動作し，データ解析も共同で行われた．2006 年から 2007 年にかけて行われた観測では稼働率は 68%（実験実施時間を含む全期間中の観測時間の割合；特定の観測期間中の稼働率はこれよりもはるかに高い）であり，415 日分の有効なデータが取得された．

7.1.4 TAMA300

TAMA300は東京，三鷹の国立天文台のキャンパス内に建設されたアーム長300 mの検出器である（図7.6参照）[19]．TAMA300の目的は，日本の第2世代検出器である大型低温重力波望遠鏡KAGRAのための低温以外の技術実証を行うことともに，我々の銀河内での重力波イベントがもし起こったときにそれを検出することであった．TAMA300は標準的光学系であるパワーリサイクルド・ファブリペローマイケルソン干渉計であった．防振系は，最初はスタックの上に鏡の2段懸架システムを置くものであったが，途中でKAGRAの防振システム (SAS) のプロトタイプ (TAMA-SAS) がインストールされた．TAMA-SASは初段の倒立振り子と，幾何学的反バネ効果を利用した縦防振ユニットから成る多段懸架システムから構成される．倒立振り子は共振周波数が100 mHz以下に調整され，また幾何学的反バネユニットも共振周波数が0.5 Hz以下になるように調整されており，ともに強力な防振系を実現している．鏡は2段振り子として懸架されており，中段マスは周囲の磁石に囲まれ，鏡の共振モードは渦電流ダンピングにより減衰されている．

図 **7.6** TAMAの中央実験棟 (Credit: TAMA).

TAMA300は1995年に開始され，2000年には世界最高感度を達成し，また1000時間以上に及ぶ当時としては世界最長観測も実現した．TAMA-SASインストール後の，TAMA300の重力波感度は1 kHzで$1.3 \times 10^{-21}\,\mathrm{Hz}^{-1/2}$（変位感度は$4 \times 10^{-19}\,\mathrm{mHz}^{-1/2}$）であった．

7.2 得られたサイエンス

第1世代検出器においては，initial LIGOをはじめとして，非常に高い感度が達成され，年単位の長期観測も行われた．しかし，残念ながら重力波の検出には至らなかった．これは，当初から予想されていたことではあったが，もしかしたら検出されるかもという期待は少しはあっただけに，残念と言えば残念な結果であった．しかし，重力波の初検出はできなかったものの，いくつかの意義のあるサイエンスの結果は得ることができたので以下に紹介する．

7.2.1 GRB070201

ガンマ線バーストは，短時間のうちに非常にエネルギーの大きなガンマ線が放出される天体であり，その持続時間によりショートガンマ線バースト（2秒以下）とロングガンマ線バースト（2秒以上）に分類される．ガンマ線バースト放出のメカニズムはまだよくわかっていないが，ショートガンマ線バーストを出す天体の正体として現在もっとも有望であると考えられているのが中性子星連星あるいは中性子星／ブラックホール連星の合体，もしくはソフトガンマ線リピーターのフレアーである．もし，高密度連星の合体がその正体であったとするならば，そこから重力波も放出されるはずであり，それはショートガンマ線バーストと重力波の同時観測により確かめられるはずである．

さて，2007年2月1日に観測されたショートガンマ線バースト (GRB070201) は，アンドロメダ銀河 (M31) を含む方向からやってきていたことがわかった (図7.7参照)．アンドロメダ銀河は地球からわずか0.77 Mpcの距離にあるため，もし，このショートガンマ線バーストの正体がアンドロメダ銀河内の高密度連星の合体であったならば，initial LIGOなどの検出器で確実に検出できるはず

図 7.7 GRB070201 の到来方向のエラーボックス．アンドロメダ銀河 (M31) と重なっていることがわかる．左下の画像は SDSS のイメージ (Adelman-McCarthy *et al.* 2006; SDSS, http://www.sdss.org /) にエラーボックス全体を重ねたものであり，メインの図は紫外線のイメージ (Thilker *et al.* 2005) に一部のエラーボックスを重ねたものである．

である．幸いにも，GRB070201 が観測されたころ，ワシントン州のハンフォードの initial LIGO が，4 km，2 km ともに検出器が稼働しており，データは記録されていたのである．しかしマッチトフィルターを用いた解析の結果，残念ながら重力波の検出はされなかった [20]．詳しい解析の結果，ガンマ線バーストのイベントの前後 180 秒間の間に，アンドロメダ銀河に存在する，一方の天体の質量が太陽質量の 1～3 倍，もう一方の天体の質量が太陽質量の 1～40 倍の高密度連星の合体は起こらなかったということが 99%の信頼度でわかったのである．また，もし高密度連星の合体が起こっていたとしても，連星の公転面の傾きをランダムに仮定したとして，信頼度 90%で，その天体が地球から少なくとも 3.5 Mpc 離れているということがわかった．さらに，バーストタイプの重力波のサーチも行ったが，その期間に重力波信号の候補とみなせるようなものは検出できなかった．これは，GRB070201を発する天体がアンドロメダ銀河に存在して，initial LIGOの感度がもっともよい周波数帯で重力波放射が等方的であると仮定して，期間内のどの100 msにおいても重力波バーストのエネルギーは7.9×10^{50} ergs以下であることを示す．これらの結果はもちろん，GRB070201がアンドロメダ銀河内のソフトガンマ線リピーターであることは排除しない．

この観測結果は，検出には至らなかったものの，重力波の観測から得られた，世界で最初の科学的に有意な結果であるとともに，重力波天文学と電磁波天文学とのシナジーの始まりとなるものと考えられる．

7.2.2 かにパルサー

かに星雲の中にあるかにパルサーは，その回転周波数が約30 Hzであり，したがってそこから放出される重力波の周波数は60 Hzと，地上の重力波検出器でも十分に観測可能な周波数帯にあるため，重力波検出にとってもっとも有望な重力波源の一つであると考えられている．かにパルサーはまた，ほかのパルサーと比べて比較的高いスピンダウン率（力学的エネルギーのロスは4.4×10^{31} W）をもっている．このエネルギーのロスの原因としては，磁場の双極子放射や粒子加速以外に，重力波放射によるものも考えられる．もし，すべてのエネルギーロスが重力波放射によるものであるとしたら，そこから放射される重力波の地球上での強度は1.4×10^{-24}となる．したがってこの値がスピンダウン率から決まる重力波の上限値となる．問題は全エネルギーロスのうちどの程度の割合のものが重力波によるものであるかということである．

LIGOはinitial LIGOの第5回観測時に得られたデータの解析を，Jordrell Bank観測所からの同パルサーの観測データを用いて行った[21]．その結果，残念ながら重力波の検出はならなかったが，重力波放射によるエネルギーロスは全体のエネルギーロスのわずか4%以下であることが判明した．この結果は，すべてのパルサーの中で初めて，スピンダウン率から決まる重力波の上限値を下回る上限値を重力波観測によって導き出したという点で非常に重要である．また，これによりパルサーの構造についての重要な情報を与えるものとしても非常に意義深い結果である．

7.2.3 背景重力波

背景重力波は初期宇宙やいろいろな天体からやってくる分解できない重力波であり，ほぼ等方的である．特に初期宇宙からやってくる重力波の検出は宇宙がどのように誕生したかを探るうえで著しく重要である．

initial LIGO の第 5 回観測で得られた 2 台のデータはその相関をとることにより，背景重力波に対するデータ解析が行われた [22]．その結果，宇宙の臨界密度で規格化された背景重力波のエネルギー密度の 100 Hz における上限値として 6.9×10^{-6} が信頼度 95%で得られた．この上限値は，ビッグバンの元素合成から導かれる上限値や，電磁波のマイクロ波背景放射から間接的に得られていた 100 Hz における上限値を下回るものであった．この値はインフレーションモデルから予測される重力波のエネルギー密度と比べると著しく大きいものであるが，宇宙進化や宇宙紐の一部のモデルに対してパラメータの制限を課すものであった．

第8章 第2世代検出器とその現状

8.1 第2世代検出器

第1世代検出器は重力波の初検出こそできなかったものの，それぞれの検出器においてほぼ目標どおりの感度が達成された．また，サイエンスとして重要な結果も得られたことから，LIGO や Virgo において小規模の改良による若干の感度の改善とそれに伴う観測を挟んで，ついに 2010 年代に入って，第 2 世代検出器である Advanced LIGO や Advanced Virgo の建設が始まった．また，GEO は高周波帯に特化した検出器への改造に着手した．

8.1.1 Advanced LIGO

Advanced LIGO においては initial LIGO のインフラ（建物と真空槽）を利用し，検出器の部分をまったく新しいものに置き換え，感度を 10 倍高める計画である．具体的には，125 W のハイパワーレーザー，能動的防振システム，4 段鏡懸架システム（図 8.1 参照），レゾナント・サイドバンド・エクストラクション干渉計，アウトプットモードクリーナーなどの initial LIGO からはさらに高度に発達した技術をもつ．Advanced LIGO によって感度が 10 倍高まると，10 倍遠くの天体現象からやってくる重力波の検出が可能になり，体積でいうと 1000 倍つまり，重力波の検出頻度も 1000 倍に高まるのである．Advanced LIGO の中性子星連星合体からの重力波に対するレンジは 190 Mpc であり，Advanced LIGO が実現すると中性子星連星合体からやってくる重力波を年間 10 回程度検出することができるであろうと予測されている．

図 8.1　Advanced LIGO で新たにインストールされた 4 段鏡懸架システム (Credit: Caltech/MIT/LIGO Lab).

Advanced LIGO は当初，ワシントン州のハンフォードのサイトに 2 台，ルイジアナ州のリビングストンのサイトに 1 台の 4 km の干渉計を設置する予定であったが，その後，ハンフォードに設置する予定であった 1 台をインドに建設する方針に切り替えたため，結局，各サイトに 1 台ずつ建設された．

装置の建設はリビングストンサイトの方が 2014 年半ばに完成し，1 年あまりのコミッショニングを経て 2015 年 8 月には中性性連星合体の検出レンジ 60 Mpc に達した．ハンフォードサイトの方も半年遅れで建設が完了し，そこから短期間でほぼ同時期に同様な感度に達した．両検出器は 2015 年 9 月から 2016 年 1 月にかけての 4 か月間，Advanced LIGO としての最初の観測を行い，その観測期間中に，重力波の初検出を実現した．その後も，いくつかの改良を行ったのち，2016 年 11 月 30 日から中性性連星合体の検出レンジ 80 Mpc 程度に対応する感度で 2 度目の観測を行った．

8.1.2 Advanced Virgo

Advanced Virgo は Virgo の発展系であり，Virgo のインフラを利用して感度を約 10 倍に高めるものである．Virgo はイタリアとフランスの共同計画であったが，Advanced Virgo には新たにオランダ，ポーランド，ハンガリーが参加した．Advanced Virgo には，ハイパワーレーザー，レゾナント・サイドバンド・エクストラクション干渉計，40 kg の溶融石英鏡とモノリシックサスペンション，真空中の光検出ベンチなどが組み込まれている．

Advanced Virgo は，2016 年半ばに装置の建設を完了させ，その後コミッショニングで感度を高めたのち，2017 年 8 月 1 日から 8 月 25 日にかけて LIGO との同時観測を行った．

8.1.3 GEO600（高周波）

GEO600 は，1 kHz 以上の高周波帯で感度を高め，Advanced LIGO 等との高周波帯での相関検出を目指すため改造された．この GEO600 を改造した検出器の呼称は GEO-HF であるとしばしば誤解されているが，実は高周波帯で感度を高めるアップグレードのプロセスが GEO-HF であり，検出器自体は依然として GEO600 と呼ばれている．GEO600（高周波）では，インプットスクイージングなどの技術を実際の大型装置に応用し感度を高めるために，その技術実証を行うという側面ももつ．実際，GEO600（高周波）では，すでにインプットスクイージングを行うことによりショットノイズの 4.4 dB の低減に成功している（図 8.2 参照）．

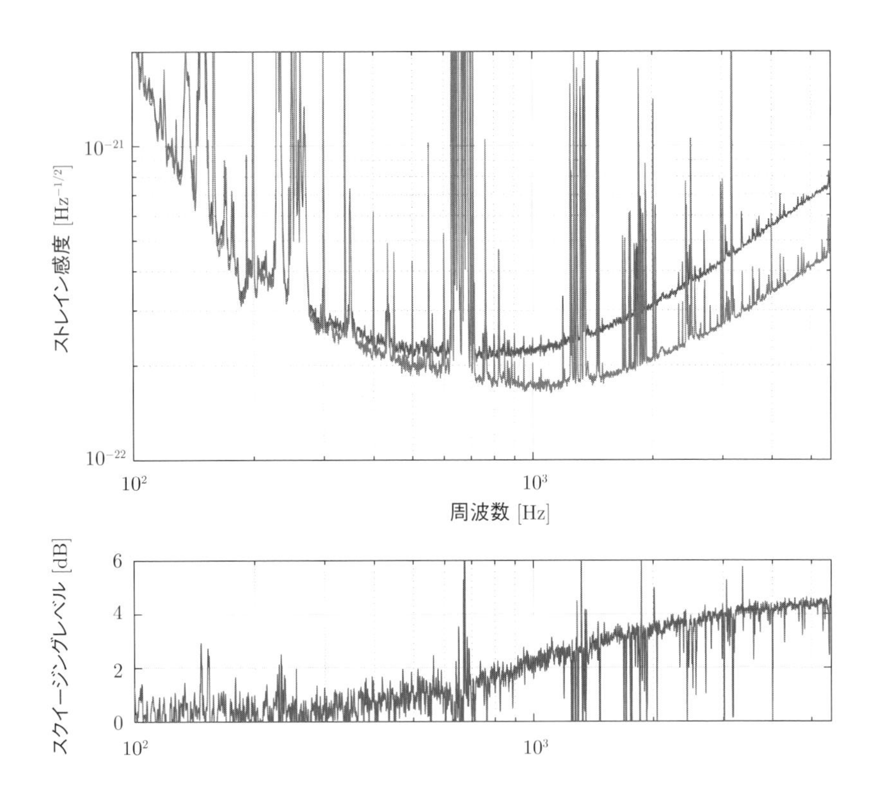

図 8.2　GEO600 の感度曲線．上の図：上の曲線がインプットスクイーズド光を入力しない場合の感度，下の曲線が入力した場合の感度である．下の図：スクイージングによる感度の改善を表す (Credit: GEO).

8.2　第3世代検出器の技術を先取りした第2世代検出器

第 3 世代検出器にとっての重要な技術として，装置の地下設置と低温鏡の使用が検討されている．そこで，日本では，それらの技術を先取りした第 2 世代検出器として，低温プロトタイプである CLIO の成功を経て，2010 年に大型低温重力波望遠鏡 LCGT（愛称：KAGRA；以下，単に KAGRA と呼ぶ）の建設が開始された．

8.2.1 CLIO

Cryogenic Laser Interferometer Observatory (CLIO) は KAGRA のプロトタイプとして，地下サイトの優位性の再確認と低温技術の実証のために KAGRA の建設地とほぼ同じ場所である岐阜県の神岡のトンネル内に建設された．この地下サイトは，TAMA300 が建設された国立天文台など標準的な地上のサイトと比べ地面振動が約 100 分の 1 程度であり，非常に静かな環境を提供する（図 8.3 参照）．CLIO の最終目的は，KAGRA で使うことになっていたサファイア鏡を低温に冷やすことにより，熱雑音の低減による感度の改善を確認することであった．CLIO のアーム長は 100 m であり，干渉計方式としては差動ファブリペロー干渉計を用いている．これは各アームの共振器を独立に作動させるものであり，干渉光の制御をしない分単純であり，それだけ低温の特性評価に特化した研究を行うことができる．

CLIO は室温で鏡の内部モードの熱雑音で制限される感度を達成した．そして，4 つの鏡のうち 2 枚を 20 K に冷却することにより，熱雑音が低減すること

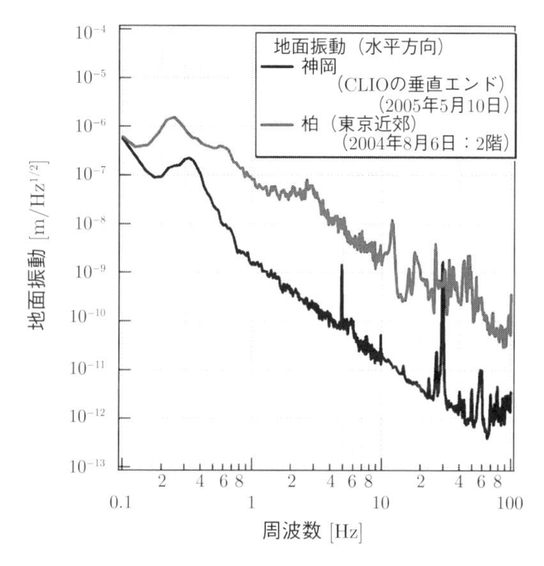

図 8.3　神岡地下と柏の地面振動の比較．横軸は周波数，縦軸は地面振動である（クレジット：東京大学宇宙線研究所附属重力波観測研究施設）．

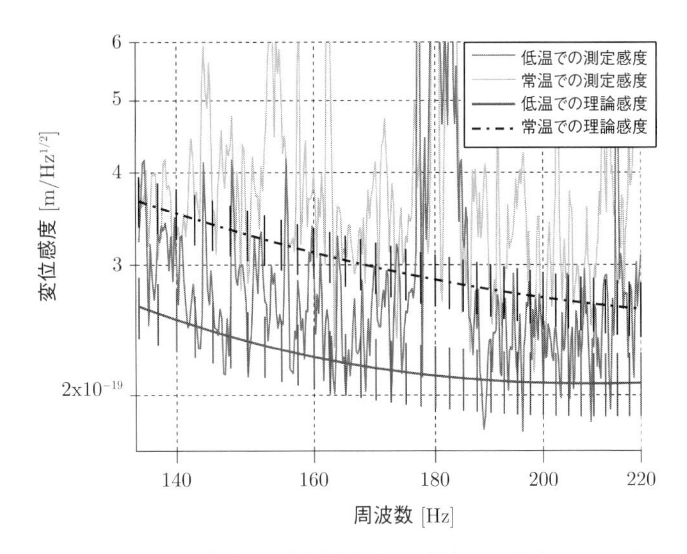

図 8.4　CLIO において，4 枚すべて常温鏡を用いた場合と 2 枚を 20 K に冷やした場合の変位感度の比較（ [23] より引用）.

を世界で初めて実証した（図 8.4 参照）．この成功により KAGRA の低温鏡技術が実証されたといえる．

8.2.2　KAGRA

大型低温重力波望遠鏡 KAGRA はアーム長 3 km の L 字型の干渉計であり，CLIO と同様，岐阜県神岡の池ノ山の地下に建設されている（図 8.5，図 8.6 参照）．全長 6 km のトンネルは，2012 年の春から 1 年 10 ヶ月かけて新たに掘削されたものである．池ノ山の地下には別系統のトンネル内にスーパーカミオカンデも設置されている．KAGRA に入るには新跡津坑口より入坑する．約 500 m のアクセス道路を徒歩，自転車，電気自動車，ディーゼル車等で進むと中央エリアに達する（図 8.7，図 8.8 参照）．

KAGRA の特徴は，地下設置，低温鏡の使用，レゾナント・サイドバンド・エクストラクション干渉計の採用である．一般に，干渉計の雑音は，10 Hz 程度以下の低周波領域では地面振動，10 Hz から 200 Hz 程度の中間周波数領域では熱雑音，200 Hz 程度以上の高周波領域では量子雑音であるショットノイズで制

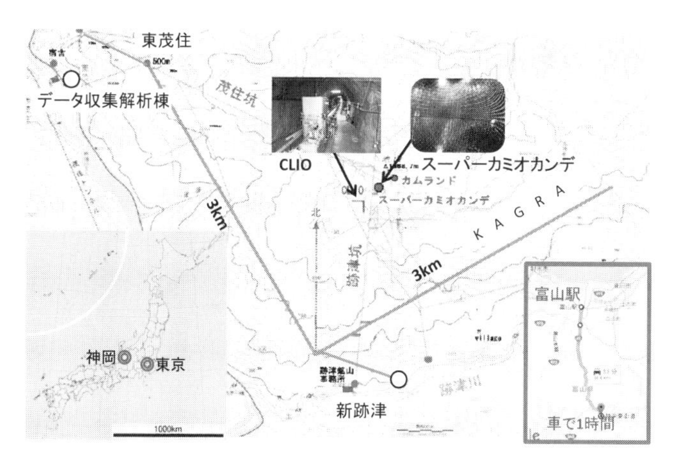

図 8.5　KAGRA の建設場所．KAGRA は片腕 3 km の L 字型の装置であり，岐阜県神岡の池ノ山の地下に建設されている．新跡津坑口から中央エリアにアクセスできる．また，茂住坑口から一方のエンドエリアへのアクセスも可能である．データ収集解析棟は茂住坑口寄りに位置している．同じく池ノ山の別系統のトンネルには CLIO やスーパーカミオカンデが設置されている（クレジット：東京大学宇宙線研究所附属重力波観測研究施設）．

図 8.6　KAGRA の全景のイメージ画像．真空槽などが認識できるように描かれており，実際の縮尺とは違う（クレジット：東京大学宇宙線研究所附属重力波観測研究施設）．

図 8.7　KAGRA のトンネルの入り口．新跡津坑口と呼ばれている．右手に見える太いパイプは，坑口で作った乾燥空気を坑内に運ぶためのものである（クレジット：東京大学宇宙線研究所附属重力波観測研究施設）．

図 8.8　KAGRA の中央エリアの実験室．左奥にはビームスプリッター等のための真空槽のエリアがあり，右手前には出射光学系等のための真空槽が，ともにクリーンブースの中に設置されている．トンネルの天井は，湧水対策のため防塵塗装およびシートで覆われている（クレジット：東京大学宇宙線研究所附属重力波観測研究施設）．

限される．地下設置，低温鏡，レゾナント・サイドバンド・エクストラクション干渉計はそれぞれ，地面振動，熱雑音，量子雑音の低減あるいは最適化に有効であるので，これらの特徴により全周波数領域において感度を改善することが可能となる．

KAGRAの目標感度は100 Hz付近で$4 \times 10^{-24}\,\mathrm{Hz}^{-1/2}$である（図8.9参照）．この感度は中性子星連星の重力波レンジでいうと140 Mpcに対応し，年間約10回の検出が期待できるものである．KAGRAの感度は，地下設置および強力な防振システムによる地面振動の低減，そして20 Kまで冷却されたサファイア鏡の使用による熱雑音の低減の結果，観測周波数のほぼ全領域において量子雑音で制限される．また，光バネとポンディロモーティブスクイージングの技術により，50 Hz～90 Hzの周波数帯において，量子雑音を不確定性原理で規定される標準量子限界以下に抑え込む計画である．

KAGRAでの検出が期待される重力波源としては，中性子星連星の合体のほかに，太陽質量の30倍程度のブラックホール連星の合体が考えられ，KAGRAでは1.27 Gpc遠方まで検出可能である．この規模のブラックホール連星の合体は最近のAdvanced LIGOの観測により，1 Gpcの範囲で年間9～240回程度起こると考えられており，そうするとKAGRAにより年間18～490回検出される

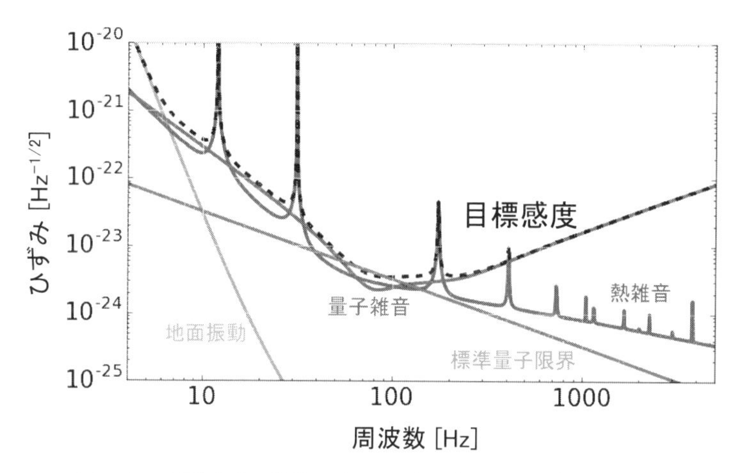

図 8.9 KAGRAの目標感度．正確には2017年9月25日現在のLatest estimate of sensitivity limitと呼ばれる感度．地面振動，熱雑音，量子雑音の予想も示されている（クレジット：東京大学宇宙線研究所附属重力波観測研究施設）．

と予測される．

これ以外にも，太陽質量の 100〜300 倍のブラックホールの誕生時の準固有振動からの重力波なら，3 Gpc 遠方まで検出可能である．超新星爆発からの重力波に関しては，どの程度の重力波が放出されるかよくわかっておらず，楽観的な見積もりとして 1 Mpc 程度まで検出可能であるという説もあるが，それにしても，その領域には我々の銀河以外には大きな銀河は存在しないため 30 年に一度程度の検出頻度であろう．パルサーに対してはすでに，クラブパルサーに対して initial LIGO の観測結果により，重力波の大きさはスピンダウン率から決まる上限値の 4%まで抑え込まれているが，KAGRA によって重力波の検出が実現するかもしれない．なお，パルサーに関しては，パルスが地球に届いていないパルサーも数多く存在するため，そのような電磁波では見えないパルサーからの重力波が検出される可能性もある．初期宇宙に関しては，標準的なモデルにおけるインフレーションからの重力波の検出は厳しいと思われるが，標準的でないモデルが予測する重力波の大きさを下回る上限値を出すことにより，そういったモデルを棄却することができるかもしれない．

KAGRA の防振システムは倒立振り子を初段として，幾何学的反バネユニットで構成される多段振り子をもつ（図 8.10 参照）．これは Advanced Virgo の防振システムとほぼ同様な構成である．ただし Advanced Virgo と大きく異なる点は Advanced Virgo では 10 m 以上の高さをもつ倒立振り子が必要であり，その機械的共振が低周波領域に存在するためさまざまなメカニズムにより干渉計の雑音となる可能性がある．しかし，KAGRA の場合，地下の優位性を生かし，超高防振システムの場所だけ 2 階建て構造にし，初段の倒立振り子を硬い岩盤から成る 2 階の床に設置している．したがって背の高い倒立振り子は必要なく，低周波領域の機械的共振が存在しない．

KAGRA の冷却システムはパルス管を用いた冷却器を用いており，サファイア鏡を吊り下げているサファイアファイバー等を通して冷却を行うものである（図 8.11 参照）．また鏡等は 2 層の低温シールドで囲まれており，常温である真空槽からの輻射を遮っている．また，常温である真空パイプからの輻射を遮るため，クライオスタットのまわりの真空パイプの内部には低温シールドが挿入されている．サファイア鏡が使われる理由は，20 K の低温で，サファイアその

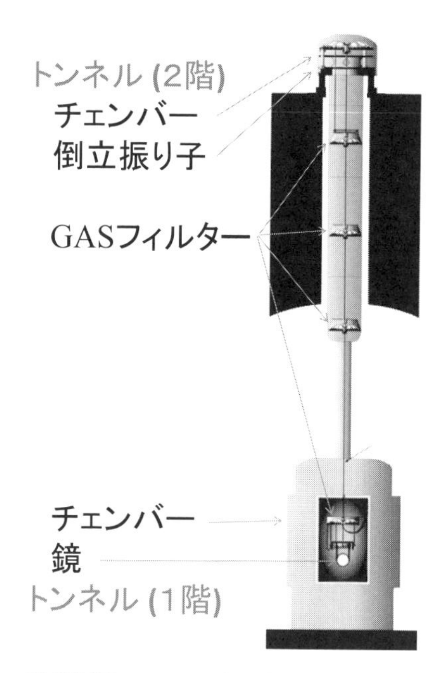

図 **8.10** KAGRA の超高防振システム．トンネルは2層構造になっており，初段の倒立振り子は2階の床に設置される．そこから幾何学的反バネユニットで構成される多段振り子により鏡が懸架される（クレジット：東京大学宇宙線研究所附属重力波観測研究施設）．

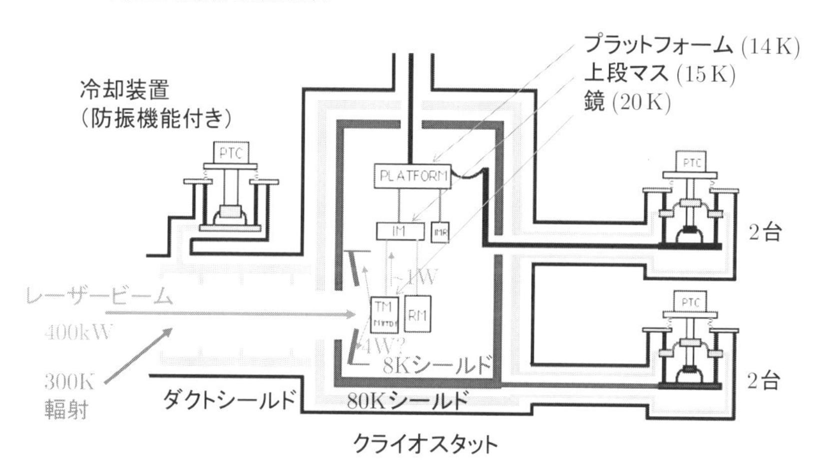

図 **8.11** KAGRA の鏡冷却システム．鏡は冷却装置により懸架系を通して冷却される．また，鏡等は低温シールドで囲まれている（クレジット：東京大学宇宙線研究所附属重力波観測研究施設）．

ものの機械的損失が非常に小さいことがもっとも大きな理由である．また，サファイアは常温では熱のランダムな分布が引き起こす局所的膨張・収縮効果，いわゆる熱弾性雑音が大きいのだが，20 K の低温では，熱伝導率が高く，また熱膨張率が低いため，この熱弾性雑音も小さいものとなる．

低温鏡の懸架システムは，強度，熱伝導率，機械的損失の 3 つの条件を満たす必要がある．機械的損失をできる限り小さくすることは，もちろん振り子モードの熱雑音を抑えるためであるが，この要請よりサファイアファイバーによる懸架が要求される．問題はサファイアファイバーとサファイア鏡をどのように接着するかである．KAGRA ではさまざまな技術試験を行い，鏡の側面を研磨し，そこにサファイアの耳をハイドロカタリシス・ボンディングという接着技術で取り付け，耳の切れ込みから両端にサファイアヘッドのついたサファイアファイバーをひっかけて，ガリウムボンディングで固定する．吊り下げの上部の側は，サファイアスプリングの切れ込みにサファイアヘッドをひっかけて同じくガリウムボンディングで固定する．以上のようなデザインは個々の要素テストにより懸架システムの要求値を満たすことが確かめられており，またダミーのサファイア鏡を使ったプロトタイプテストも行われている．

KAGRA の光学系はレゾナント・サイドバンド・エクストラクション干渉計であり，シグナルエクストラクション鏡の位置を調整することによりある特定の周波数で量子雑音を最適化する．具体的には光バネ効果を用いて 100 Hz あたりの周波数帯で量子雑音を引き下げる．さらに，懸架された鏡に光が当たることにより輻射圧雑音が生じ，いわゆるポンディロモーティブスクイーズされた状態になるが，それを適当な位相でホモダイン検出してやることにより，輻射圧雑音を低減する．KAGRA ではこの 2 つの技術を使って，ある限られた周波数領域ではあるが，量子雑音を標準量子限界以下に抑えることを目指す．

KAGRA で取得されたデータは，トンネルの入り口から約 3 km 離れた地点にあるデータ収集解析棟のコントロールルーム（図 8.12 参照）に転送される．また，コントロールルームから干渉計の動作，制御パラメータの切り替えなど，さまざまな干渉計のコントロールを行うことができるようになっている．KAGRA のデータは，KAGRA のデータ管理・データ解析を担当している大学や KAGRA の共同研究機関である韓国や台湾などにも転送される．

図 8.12 データ収集解析棟にある KAGRA のコントロールルーム．干渉計に関するさまざまな情報がモニターに映し出されている．また，干渉計のさまざまな設定を変更することもできる（クレジット：東京大学宇宙線研究所附属重力波観測研究施設）．

KAGRA は装置の建設を 2 段階に分けて行う計画である．まず第一段階の KAGRA である initial KAGRA は，2 W のレーザーおよび周波数安定化システム（図 8.13 参照），モードクリーナー（図 8.14 参照），マイケルソン干渉計，室温鏡，シンプルな防振システムを使ったものであり，長基線長の干渉計の動作に対する経験を獲得するとともに，第 2 段階の KAGRA に向けた技術の洗い出しを行う．また，短期間の試験運転を行うことにより，データ取得システム，データ解析の手法などに対するフィードバックも得る．試験運転は 2016 年 3 月から 4 月にかけて行われた．

続いて第 2 段階の KAGRA である baseline KAGRA は 180 W のハイパワーレーザー，レゾナント・サイドバンド・エクストラクション干渉計，低温サファイア鏡，超高防振システムをもち，2017 年度中に低温マイケルソン干渉計の動作確認を行い試験運転を行う．そして，2018 年度中にフルの干渉計の動作を目指す．その後は，ノイズハンティングと観測を繰り返して目標感度の達成，そして重力波の検出を目指す予定である．

図 8.13　initial KAGRA のレーザーおよび周波数安定化システム（クレジット：東京大学宇宙線研究所附属重力波観測研究施設）.

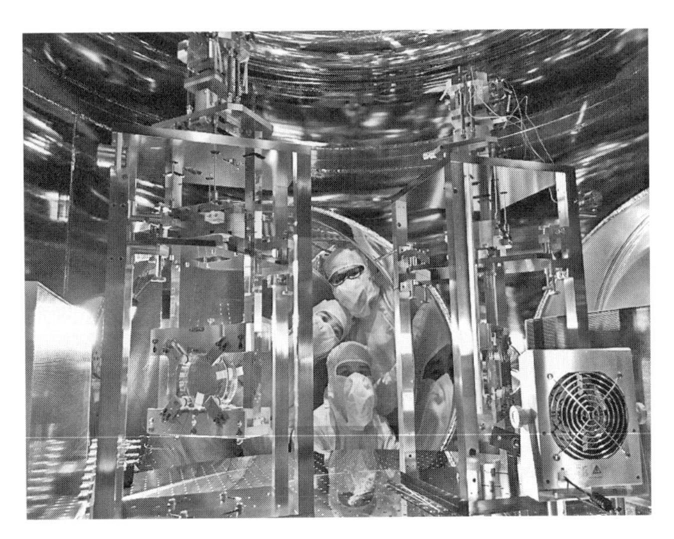

図 8.14　KAGRA のモードクリーナーのインストレーション完了（クレジット：東京大学宇宙線研究所附属重力波観測研究施設）.

第9章 重力波の初検出

9.1 重力波の初検出

2016年2月，LIGOプロジェクトは重力波初検出に関する記者会見を行った．それによると，2015年9月14日に，ハンフォードとリビングストンにある2台のAdvanced LIGOの装置により，ほぼ同時に重力波信号を捉えたのである．これは，Advanced LIGOが，9月12日までにキャリブレーションを含め本番とまったく同じようにデータをとれる体制になり，9月18日からの観測開始に備えて装置を運転していたときのことであった．重力波信号の詳しい解析によると，この重力波源は，地球から約410(+160/−180) Mpc離れた場所にあるブラックホール連星であり，それぞれ太陽の36(+5/−4)倍と29(+4/−4)倍の質量をもつことがわかった（図9.1参照）．2つのブラックホールがお互いのまわりを回りながら重力波を放射し，エネルギーを失いその回転が徐々に速くなっていき，放出する重力波の強度がだんだんと大きくなりながら約0.2秒の間（重力波の信号としてはおよそ8サイクルの間）に周波数が35 Hzから150 Hzまで増加し，そして合体，その後短期間発生するリングダウンと呼ばれる重力波の波形が250 Hz付近に現れるという一般相対性理論から理論的に導かれるシナリオどおりの重力波の波形が，2台の観測装置のデータに刻まれていたのである．

ここで，この天体がブラックホール連星である必然性について少し補足しておく．まず，得られた重力波信号の周波数とその変化の割合から，発生源の2つの天体のチャープ質量が太陽質量の約30倍であることがわかる．そして，そこから総質量が太陽質量の約70倍程度であり，2つの天体のシュワルツシルド半径の和が約210 km程度であることがわかる．また，重力波信号が150 Hzま

図 9.1　Advanced LIGO により初検出された重力波を放出したブラックホール連星の CG 画像 (Credit: The SXS (Simulating eXtreme Spacetimes) Project).

でスイープしていることから，連星の公転周波数（重力波信号の周波数の 1/2）は 75 Hz であり，この公転周波数を実現するには 2 つの天体が 350 km まで近づく必要がある（図 9.2 参照）．したがって，まずこの 2 つの天体は高密度連星である必要がある．また，中性子星連星では質量が小さすぎるし，所定のチャープ質量をもつブラックホールと中性子星の連星は，総質量がもっと大きいため，もっと低い周波数で合体するはずである．したがって，ブラックホール連星が，この重力波信号の波形を説明できる唯一の天体，すなわち重力波発生源となる．さらに，重力波信号がピークに達した後の準固有振動も，カーブラックホールのそれと矛盾しない．

この重力波により引き起こされた地球上での空間のひずみはピーク時で 10^{-21} 程度であり，マッチトフィルターにより解析された信号雑音比は約 24，誤警報率は約 20 万年に 1 度以下であった．この信号雑音比は非常に大きく，信号付近の周波数帯を抜き出した観測データには，肉眼でもそれとわかるような波形が見事に現れているほどであった（図 9.3 参照）．また，重力波の強度やリングダウンの情報からは，合体後のブラックホールの質量は太陽の 62(+4/−4) 倍となることがわかった．合体前の 2 つのブラックホールの質量はそれぞれ太陽の 36 倍と 29 倍，つまり合わせて 65 倍であるので，ブラックホールの合体に伴って太陽質量の 3(+0.5/−0.5) 個分に相当するエネルギーが重力波として放射され

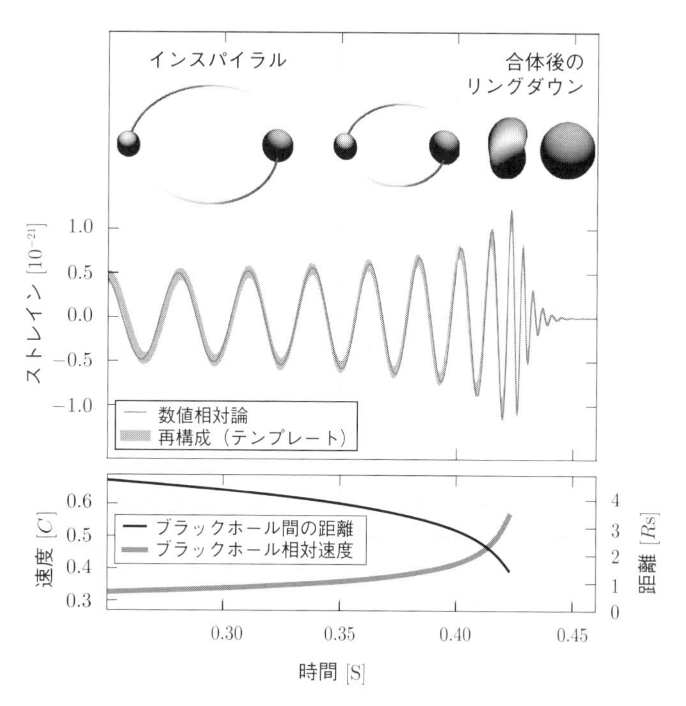

図 **9.2** 上の図は，ハンフォードにて予測される重力波信号を表す．35–350 Hz のバンドパスフィルターは通していない．下の図は，シュワルツシルド半径を単位としたブラックホール連星の距離と相対速度を表す（[24] より引用）．

たことになる．そして，このときに放出されるパワーはピーク時で，目に見える宇宙全体から発せられている可視光のパワーの 50 倍に相当するという．

初検出のときには，まだ Advanced Virgo はコミッショニング中であり，また GEO600 は稼働はしていたが観測モードではなかったため（もっとも，たとえ観測を行っていたとしても，GEO600 の感度では今回の重力波を捉えることはできなかったと考えられている），稼働していたのは Advanced LIGO の 2 台だけであった．したがって，重力波源の方向としては，装置が 2 台しかないことにより，決定精度はそれほど高いものではなかった．それでも，2 台の装置で捕えた重力波信号の時間差（約 0.007 秒）や信号の解析により，大マゼラン銀河を含む方向 600 deg^2 程度の範囲からやってきたことがわかった（図 9.4 参照）．

この観測は，重力波の初の直接検出であるだけでなく，ブラックホール連星

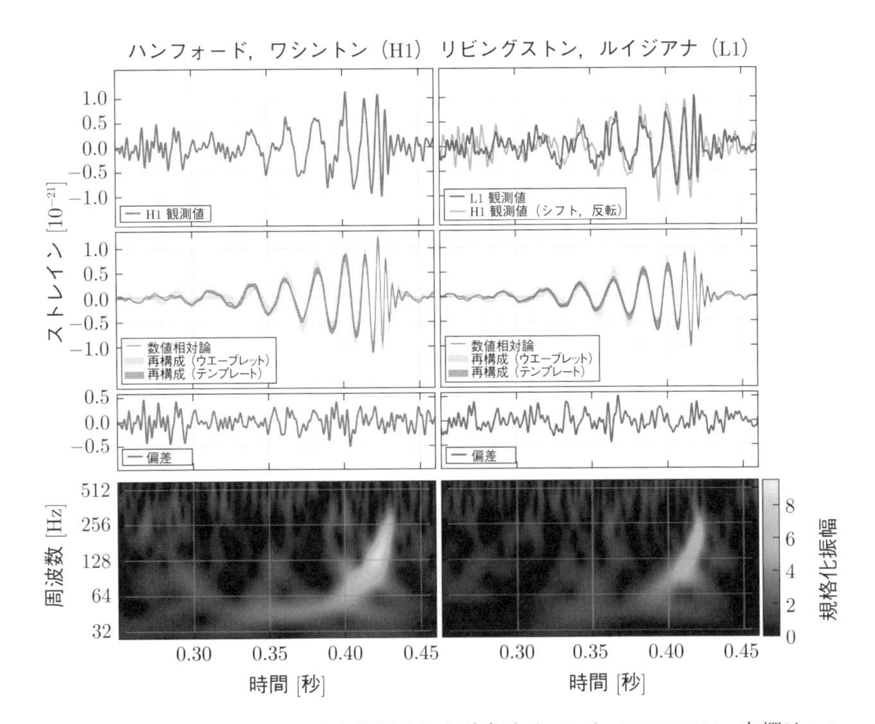

図 **9.3**　Advanced LIGO により観測された重力波イベント GW150914．左欄はハンフォード (H1)，右欄はリビングストン (L1) のイベントである．時間は 2015 年 9 月 14 日 09:50:45 UTC を基準としている．表示されたデータは，35–350 Hz のバンドパスフィルターを通し，検出器のスペクトル線雑音を取り除いたものである．一番上はそれぞれの検出器で得られたストレイン信号である．上から 2 番目は，データ解析により予想された重力波信号を 35–350 Hz のバンドパスフィルターを通したものである．上から 3 番目は，得られたデータ（1 番上）から，予測信号（2 番目）を差し引いた残差である．1 番下は周波数と時間の関係であり，徐々に信号の周波数が高くなっていることを示している（ [24] より引用）．

とその合体の初めての観測でもあった．したがって，この発見により重力波天文学が創成され，同時に重力波でしか観測できない天体が観測されたことになる．なお，この重力波イベントは GW150914 と名付けられた．

なお，この重力波初検出の成果により，LIGO の Rainer Weiss，Kip Thorne，Barry Barish の 3 氏は 2017 年のノーベル物理学賞を受賞した．

初検出は，2015 年の 9 月から 2016 年の 1 月にかけて行われた Advanced LIGO としての最初の観測期間中に達成された．この観測期間中のレーザーパワーは

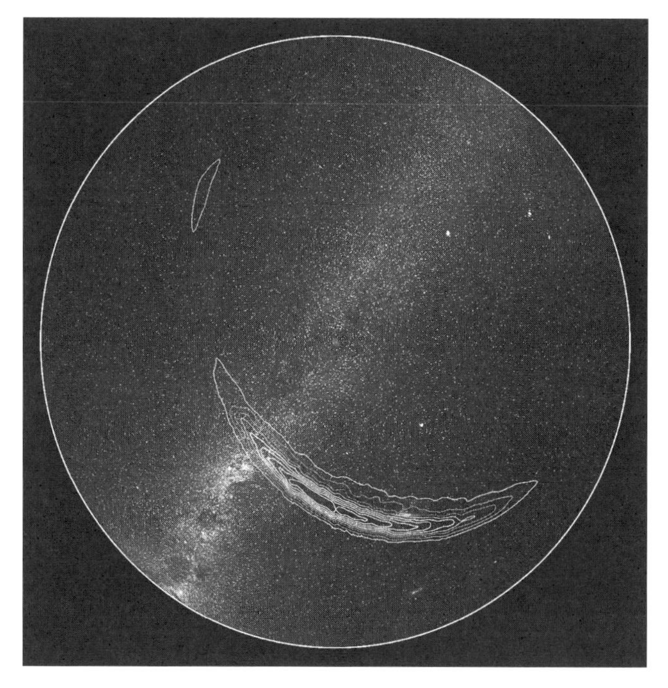

図 9.4 Advanced LIGO により初検出された重力波の到来方向．もっとも広い範囲は 90%の確度を表す (Credit: LIGO/Axel Mellinger).

20 W であり，最終的に使う予定のレーザーパワー 200 W の 10 分の 1 であった．また，この観測中の感度を図 9.5 に示す．この感度は中性子星連星合体からの重力波に対するレンジでいうと，まだ目標感度の 3 分の 1 程度に対応するものであった．したがって，もし Advanced LIGO が目標感度を達成すれば，ブラックホール連星からの重力波がより遠くの物まで検出可能となり，また，さらに Advanced Virgo や KAGRA が目標感度を達成し，国際ネットワークに参加すれば，重力波源の方向などより詳細な情報を得ることが期待できる．

LIGO ではこの信号が本物の重力波であり，装置の雑音ではないことをさまざまな方法を使って確認した．例えば，磁場，電波，音響，振動などの環境雑音は常時モニターされており，またそれらの雑音を人工的に発生させ，干渉計へのカップリングを測定することにより，検出時の環境雑音の影響を評価した．その結果，環境雑音に起因する雑音振幅は重力波信号振幅の 6%以下であり，ま

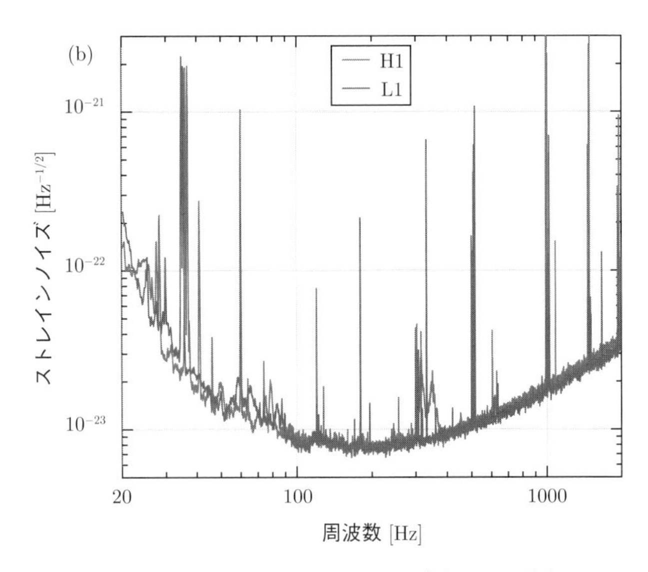

図 9.5　初検出当時の Advanced LIGO のストレイン感度．この感度は，150 Hz 以上ではショットノイズで，また，低い周波数領域ではさまざまな雑音で制限されている．また，33–38, 330, 1080 Hz のピークはキャリブレーション用のものであり，500 Hz とその高調波は鏡の懸架ファイバーの振動モードであり，60 Hz とその高調波は電源によるものである（ [24] より引用）．

た重力波信号と同様の波形を引き起こす環境雑音は一切観測されなかったため，この信号が環境雑音に起因するものである可能性ははっきりと否定されている．

データ解析については，一般相対性理論により予言される波形を用いたマッチトフィルターによる解析，および波形に関しては最小限の仮定しかしないより汎用的な短期信号に対する解析の 2 種類が行われた．それぞれの結果を図 9.6 に示す．マッチトフィルター解析の結果，GW150914 の誤警報率は約 20 万年に一度以下であり，そこから導かれる誤警報確率は 2×10^{-7} 以下であると報告された．また，汎用解析の結果，GW150914 の誤警報率は約 8400 年に一度以下，誤警報確率は 5×10^{-6} 以下であった．

なお，マルチメッセンジャー天文学のための電磁波観測のフォローアップ体制は最初の観測のときからすでに確立していた．実際，GW150914 の候補信号が見つかった際には，その情報はすぐに多くの電磁波の観測チームに伝えられてフォローアップ観測がなされた [25]．

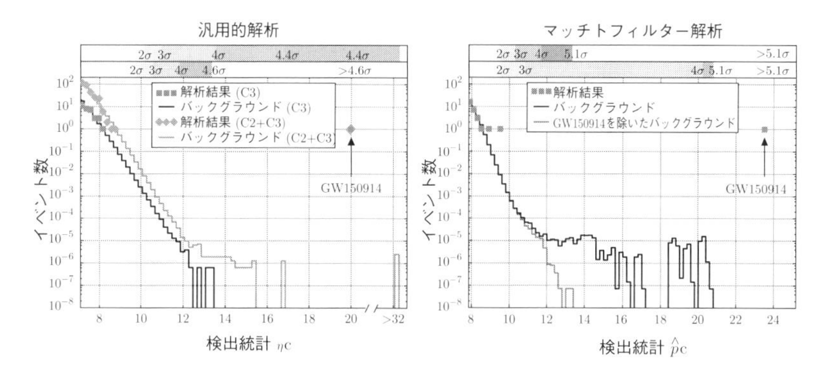

図 9.6　左の図は，汎用的解析，右の図はマッチトフィルター解析の結果を表す．それぞれのヒストグラムの図にはGW150914を含むいくつかのイベント候補（■マーク）と背景イベントの数が示されている．図の上部にはガウス分布の標準偏差を基準とした偏差が記されている．左図においては，周波数が時間とともに増加していくという仮定を入れた主要な探索 (C3) のほかに，周波数発展とは無関係な一群を合わせた探索 (C2+C3) の結果も示されている．右図においては，GW150914を取り除いたデータに対する背景イベントの数も示されている（[24]より引用）．

9.2　太陽質量の30倍程度のブラックホール連星の成り立ち

Advanced LIGOで検出されたブラックホール連星はそれぞれ，太陽質量の30倍程度のものであった．実は多くの研究者は，地上の重力波検出器で最初に検出される重力波源は中性子星連星の合体だと予測していた．したがって，今回のAdvanced LIGOの観測では，まだ感度が十分ではなく検出は難しいのではないかと思われていた．それだけに，この検出は研究者からはかなりの驚きをもって捉えられた．さらに，ブラックホール連星の合体からの重力波が検出されたとしても，これまでX線連星として観測されてきたブラックホールの候補の質量は太陽質量の10倍程度であったため，そのような質量のブラックホール連星からの重力波が検出されるだろうと考えられていた．つまり，今回の検出は二重の意味で研究者の予想を覆すものであったといえる．

では今回検出されたような太陽質量の30倍程度のブラックホール連星はどのように作られたのであろうか？これに関しては諸説がある．例えば，金属の割合が低いような環境で生まれた星は恒星風により質量を失いにくいため，比較的重いブラックホール連星となることができる．しかし，この場合でも，やはり質量としては太陽質量の10倍程度のブラックホールがもっともできやすいことには違いはない．

これ以外に，現在比較的有力であると考えられているものに，種族IIIと呼ばれる，宇宙が誕生して最初に生まれた第1世代の星（太陽質量の数十倍から数百倍）が進化する過程で太陽質量の30倍程度のブラックホール連星が多数生じたのではないか，という仮説がある [26]．ちなみに，種族IIの星というのは，上述のような種族IIIよりも後の時代の，金属の割合が低いような環境で生まれた星のことであり，銀河系のハローの中の球状星団やバルジに多く存在する．種族Iの星は超新星爆発によってまき散らされた金属を多く含む星（例えば太陽）であり，銀河系のディスク部分によく見られる．さて，衣川智弥氏らのシミュレーションによると，種族IIIの星は金属量がゼロであるため星の進化が異なることにより，もっともできやすい質量が異なる．太陽の50倍より重い種族IIIの星は2つの星の共通外層を通した質量損失により，外層の大半を失い，太陽の30倍の質量になる．一方，太陽の50倍よりも軽いと半径が小さいため，このような外層の損失が効かないので，比較的重いまま進化していき，結局こちらも太陽の30倍程度の質量になる．これが種族IやIIの星であると，金属量が多いので金属の吸収線のため質量放出が起こり，せいぜい太陽質量の10倍程度のブラックホールしか作れない．これは，まだ理論的な予測にすぎないが，Advanced LIGOでブラックホール連星からの重力波がもっと見つかり，その質量分布がわかればこの説の真偽が確認されるであろう．

9.3　さらなる重力波検出とその意味

Advanced LIGOによる2番目の重力波は，2015年12月26日に観測された [27]．この検出も，最初の検出と同様，2015年の9月から2016年の1月にかけて行われた観測期間中になされたものである．GW151226と名付けられたこの重力波信号（図9.7参照）は，詳細なデータ解析の結果，地球から

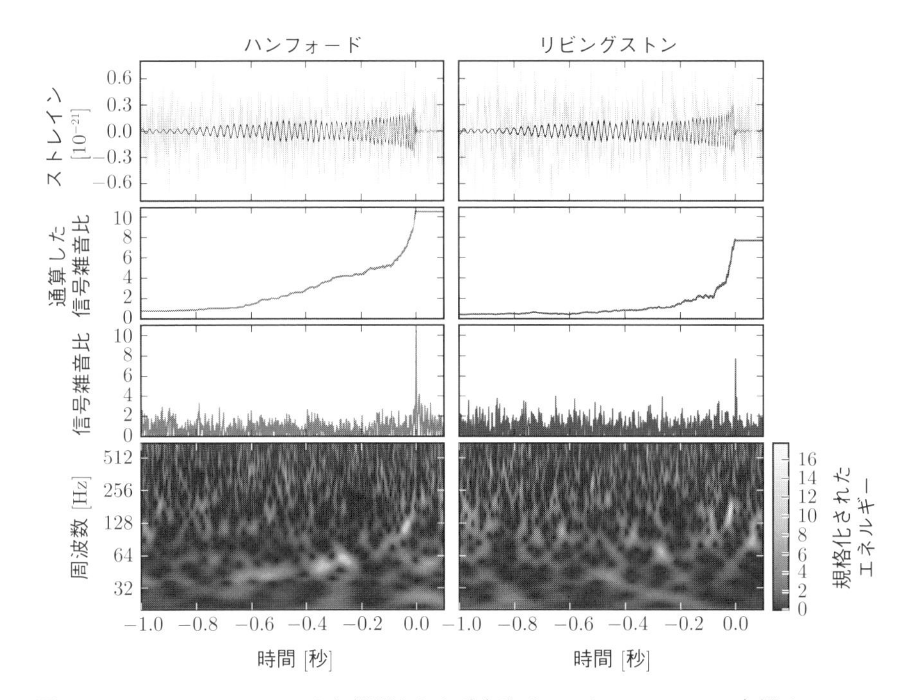

図 9.7　Advanced LIGO により観測された重力波イベント GW151226. 左欄はハンフォード (H1), 右欄はリビングストン (L1) のイベントである. 時間は 2015 年 12 月 26 日 03:38:53 UTC を基準としている. 一番上は, それぞれの検出器で得られたストレイン信号を 30–600 Hz のバンドパスフィルターを通し, 検出器のスペクトル線雑音を取り除いたものである. また, データ解析により予想された重力波信号を 30–600 Hz のバンドパスフィルターを通したものも表示されている. 上から 2 番目は, 開始時間から積分された信号雑音比である. 上から 3 番目は, テンプレートを時間シフトした際の信号雑音比である. 1 番下は, 周波数と時間の関係であるが, GW150914 と比較すると信号は明瞭ではない ([27] より引用).

440(+180/−190) Mpc 遠方にある, 太陽の 14.2(+8.3/−3.7) 倍と 7.5(+2.3/−2.3) 倍の質量をもつブラックホール連星の合体から放射されたものであり, 合体後の質量は太陽の 20.8(+6.1/−1.7) 倍であることがわかった. この信号は, およそ 1 秒の間に, 55 サイクルを要して, 35 Hz から 450 Hz まで周波数が増加した. ストレイン強度はピーク時で $3.4(+0.7/-0.9) \times 10^{-22}$ であり, マッチトフィルターによる信号雑音比は 13 であった. また, 少なくとも一方のブラックホールのスピンは 0.2 以上であることもわかった．

Advanced LIGO による最初の観測期間に，確実に重力波信号であるといえたのは，GW150914 と GW151226 だけであったが，実はもう一つ，重力波信号の可能性のあるイベントが見つかっており，それは LVT151012 と名付けられており，それが実際の重力波信号である可能性は 87%であると評価されている．さて，これらの重力波検出からわかったことは，まず重要なこととしては，これまでのところ一般相対性理論からのずれは観測されていないということである．これについては，今後より高い感度で観測を行うことにより，より高い精度で一般相対性理論の検証が可能となる．また，今回の観測により，これまでは，あまりよくわかっていなかった，ブラックホール連星の合体頻度についての有意な示唆が得られた．それによると，1 Gpc 遠方までの範囲で 1 年間あたりの合体頻度は 9–240 であることがわかった．

その後もさらに重力波の検出は続く．Advanced LIGO は 2016 年 11 月 30 日より感度を若干改善して第 2 期の観測を行った．その期間中の 2017 年 1 月 4 日に 3 つ目の重力波 (GW170104) が検出されたのである [28]．これは地球から 880(+450/−390) Mpc 遠方にある，太陽の 31.2(+8.4/−6.0) 倍と 19.4(+5.3/−5.9) 倍の質量をもつブラックホール連星の合体から放射されたものであり，合体後の質量は太陽の 48.7(+5.7/−4.6) 倍であることがわかった．

このあと，さらに 4 つ目の重力波 (GW170608) も検出された [29]．これは地球から 340(+140/ − 140) Mpc 遠方にある，太陽の 12(+7/ − 2) 倍と 7(+2/ − 2) 倍の質量をもつブラックホール連星の合体から放射されたものであり，合体後の質量は太陽の 18.0(+4.8/ − 0.9) 倍であった．

この第 2 期の観測の途中の 2017 年 8 月 1 日からは Advanced Virgo も加わって観測が続けられた．この観測は 2017 年 8 月 25 日に終了した．この期間中にも 5 つ目の重力波 (GW170814) が，2017 年 8 月 14 日に検出された [30]．これは地球から 540(+130/−210) Mpc 遠方にある，太陽の 30.5(+5.7/−3.0) 倍と 25.3(+2.8/−4.2) 倍の質量をもつブラックホール連星の合体から放射されたものであり，合体後の質量は太陽の 53.2(+3.2/−2.5) 倍であることがわかった．この重力波は初めて 3 台（Advanced LIGO の 2 台と Advanced Virgo 1 台）の検出器により同時に観測されたものである．そのため，重力波源の方向精度がこれ

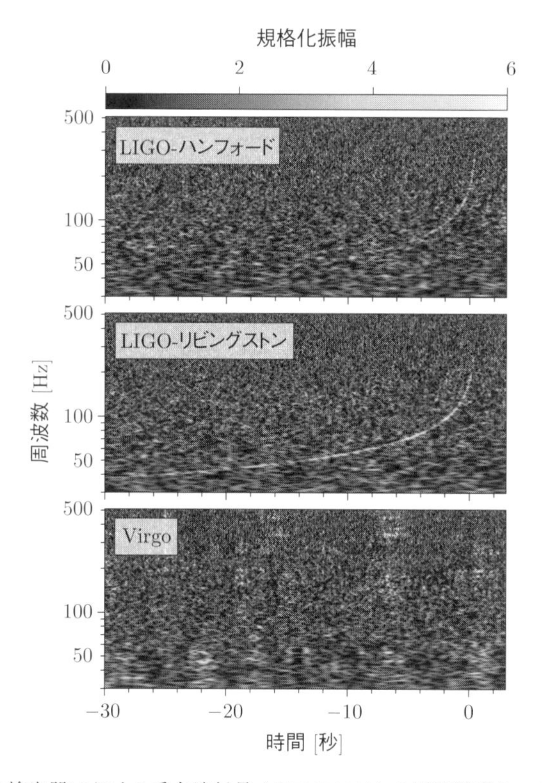

図 **9.8** 3 台の検出器における重力波信号 (GW170817) の周波数変化．上：LIGO ハンフォード，中：LIGO リビングストン，下：Viego．横軸は時間，縦軸は周波数．振幅はそれぞれの検出器の雑音に対して規格化されている（[31] より引用）．

までの 2 台の観測によるものと比べて格段に良くなった．具体的には，今回の観測が Advanced LIGO の 2 台だけで行われたと仮定した場合の重力波源の方向範囲が 1160 deg^2 であるのに対して，Advanced Virgo の参加により，60 deg^2 まで改善されたのである．また，部分的ながら重力波の偏極に関する情報も得ることができた．

さらにその 3 日後の 2017 年 8 月 17 日，ついに中性子星連星の合体からの重力波 (GW170817) が検出された（図 9.8 参照）[31]．しかも，フェルミガンマ線宇宙望遠鏡により，重力波検出から 1.7 秒後にはショートガンマ線バースト (GRB170817A) も重力波源と同方向に検出され，ついにショートガンマ線バーストの正体が中性子星連星の合体であることが強く示唆されたのである．それだけではない．その後の電磁波観測により同方向に X 線の残光も観測された．また，可視光〜赤外線においてはマクロノバ（あるいはキロノバ）も観測され，その明るさの変化のデータより，r 過程が起こったことが確定的になった．さらに，電波放射も 2 週間ほど後に観測された．これらの重力波と電磁波の共同観測により，マルチメッセンジャー天文学が一気に花開いたのである．

この重力波源は地球から 40(+8/−14) Mpc 遠方であり，これまでに検出された重力波源の中でもっとも近いものであった．また，到来方向はこれまでの中でもっとも狭い 28 deg^2 の範囲内に絞られた．信号雑音比（3 台合わせたもの）も 32.4 と，これまでで最大のものであった．2 つの星の質量に関しては，中性子星連星で推測されるスピンの範囲に制限をかけることにより，それぞれ太陽の 1.36–1.60 倍と 1.17–1.36 倍であることがわかった．これは中性子星の質量と整合している．また，ショートガンマ線バーストや残光の観測からブラックホール連星ではないことがわかるため，少なくとも 1 つの星は中性子星であることは確かである．さらに，この質量をもつブラックホールの存在は理論的に考えにくいため，もう一方の星も中性子星だと推論される．

第 2 期の観測期間中には，これ以外にも重力波信号の候補がいくつか見つかっており，それらの詳細なデータ解析の結果が続々と発表されると期待される．

さらに，4 台目である KAGRA の参入により，方向決定精度が格段に向上し，偏極に関する知見もより完全な形で得られ，また，一般相対性理論の検証がより高い精度で実現でき，重力波天文学の質が大きく高まることが期待できる．

第10章 将来の検出器とその目的

重力波は検出すればそれで研究が完了するわけではない．初検出の後も，宇宙からやってくるさまざまな重力波を観測することにより，電磁波では得られない新しい宇宙の姿を観ることができる．これが重力波天文学である．そして，第2世代検出器により創成された重力波天文学は，第3世代検出器による観測でさらに発展するであろうことが期待されている．

ところで，重力波検出器というのは重力波によって引き起こされる空間のひずみの強度を検出するものである．重力波のエネルギーはひずみ強度の2乗に比例するので，重力波検出器の感度は検出可能な重力波源からの距離に反比例するものと考えられる．つまり，検出器の感度が2倍よくなれば2倍遠くの天体まで観測できるようになる，つまり体積でいうと8倍，したがって検出頻度も8倍になるのである．この点，電磁波による観測とは大きく異なる．電磁波では通常光のエネルギーを検出するものであるので，感度が2倍になると $\sqrt{2}$ 倍遠方まで検出可能となり，体積，頻度でいうと $2\sqrt{2}$ 倍改善されるにすぎないのである．したがって，もし，第2世代検出器で年間10回程度の検出ができたとしたならば，もし10倍感度の高い検出器があれば，検出頻度は一気に年間1万回に跳ね上がるのである．そうなれば，常時何らかの信号が得られているような状態となり，まさに重力波天文学と呼んでも差し支えないほどに信号検出は日常茶飯事のものとなるであろう．

10.1 地上の第3世代検出器

地上の第2世代検出器とその改良版においては，おそらく，ブラックホールや中性子星連星の合体からの重力波信号が多数見つかり，それらの頻度についてのある程度の評価がなされることが期待される．また，ショートガンマ線バーストの正体についても確認できるのではないかと予想されている．しかし，例えば種々の天体物理学的なモデルを確定させるためには，いろいろなスピンや質量比をもった，より多数の重力波信号の検出が必要である．また，超新星爆発やマグネターからの重力波の検出はできない可能性も高い．また，パルサーの軸対称からのずれは非常に小さく ($< 10^{-8}$)，重力波の検出には至らないかもしれない．また，中性子星の状態方程式についてはある程度のことしか言えそうにない．一般相対性理論の確認についても意味のあることを導き出すのは難しいであろう．また，ブラックホール連星の合体についても，宇宙誕生後10億年以前にブラックホール連星が存在したかどうかを確認することは厳しい．したがって，これらの重力波の検出およびサイエンスの獲得，そしてまたこれら以外のサイエンスを達成するためには，第2世代検出器の感度を10倍以上改善する必要がある．

このような感度の改善を可能にするためには，残念ながら，第2世代検出器のインフラをそのまま利用するのでは厳しく，アーム長を伸ばす必要がある．したがって，新しい場所に新しい検出器を建設する必要がある．これが，地上の第3世代検出器である．第3世代検出器は，第2世代検出器では達成できないであろう上記のようなサイエンスを目標として，その設計の最適化がなされる．

地上の第3世代検出器としては，ヨーロッパでは2008年ころからEinstein Telescope実現の可能性を目指して技術開発や，サイトの調査が行われている．また，アメリカでもLIGOの次を見据えて，Cosmic Explorerの検討が始まったところである．

10.1.1　Einstein Telescope

ヨーロッパ（イタリア，ドイツ，イギリス，オランダ，フランス，ハンガリー，ポーランド，スペイン）で検討されているEinstein Telescope (ET) は，1辺10 kmの正三角形のそれぞれの頂点から残りの2つの頂点に伸ばしたV字型の検出器3組を地下に設置した巨大な重力波検出器である（図10.1，図10.2参照）[32]．1組の検出器は2つの干渉計から成り，それぞれ低周波と高周波に感

図 10.1 ET の完成予想図．地下に建設された 1 辺 10 km の正三角形の巨大な検出器 (Credit: ET design study team).

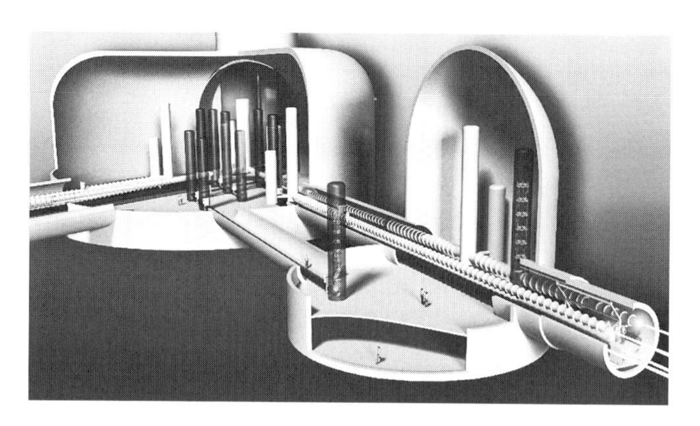

図 10.2 ET のコーナーステーション部分の完成予想図．超高防振システムを格納するいくつもの真空槽が設置される (Credit: ET design study team).

度を最適化しており，2 つ合わせてザイロフォンを構成している．この 6 個の干渉計により，重力波の偏極を再構成することができ，また非常に高い確度で重力波信号であるか単なる雑音であるかの判別ができるようになっている．ET のサイトとしては，これまでにヨーロッパにおけるいろいろな地下の施設（地下 10 m〜800 m）の振動レベルが調べられ，検討されている状況である．

ET の目標感度を図 10.3 に示す．低周波と高周波に最適化された 2 つの検出

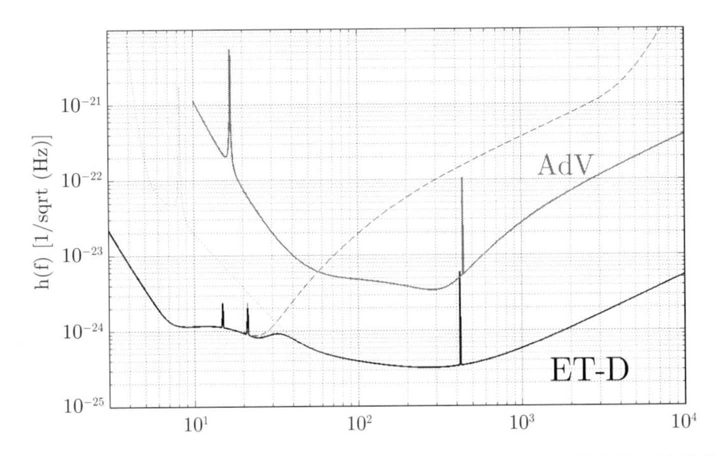

図 10.3　ET の目標感度．低周波と高周波に最適化された 2 つの検出器の目標感度と，それらを 1 つのザイロフォン検出器とみなしたときの目標感度が示されている．また，参考のため Advanced Virgo の目標感度も示されている (Credit: ET design study team).

器から成るザイロフォンによる目標感度は 100 Hz で $4 \times 10^{-25}\,\mathrm{Hz}^{-1/2}$ であり，Advanced Virgo の感度より 1 桁よい．しかし，特筆すべきは 10 Hz の目標感度であり，これは $1 \times 10^{-24}\,\mathrm{Hz}^{-1/2}$ と，Advanced Virgo と比べて 3 桁の改善を目指すものである．これにより，特に太陽の百倍以上の質量をもつブラックホール連星の合体からの重力波に対する感度が著しく改善されることが期待できる．

ET を実現するための技術としては，低周波に特化した干渉計では，10 K の低温で 200 kg 級の質量をもつシリコン鏡，1.55 μm の波長をもつレーザー光，周波数依存性をもつスクイージングなどが考えられており，高周波の干渉計では，1064 nm のレーザー，200 kg 程度の溶融石英鏡，低吸収コーティング，周波数依存スクイージングなどが検討されている．

ET は 2020 年代まで技術開発を行い，その後建設に移り，2030 年代初頭の完成を目指している．

10.1.2　Cosmic Explorer

アメリカでは，Advanced LIGO のインフラをそのままに，感度を 3 倍程度改善する LIGO Voyager の次の計画をもっている．そして，新しいサイト，新しいインフラに建設する第3世代検出器の検討が始まったところである．この計画は Cosmic Explorer と名付けられている [33]．Cosmic Explorer のアーム長に関しては 40 km が検討されている．また，設計に関しては，1.5〜2.1 μm のレーザー波長，123 K の低温，320 kg 級の質量をもつシリコン鏡などが検討されている．ただし，設計値は鏡のコーティングの今後の研究に依存し，それによっては，レーザー波長 1 μm，常温の溶融石英鏡に戻る可能性もある．

10.2 宇宙の検出器

干渉計の腕の長さを伸ばすと光と重力波との相互作用の時間が長くなるのでそれだけ光の受ける位相変化が大きくなり感度が上がる．しかし，地上では地球の曲率の問題や，そもそもそのような土地を見つけるのが難しく，ET や Cosmic Explorer が検討している 10 km〜40 km が限界である．そこで，考えられたのが宇宙空間に検出器を持っていくことである．宇宙空間はもともと真空であるので，レーザービームを通すための真空パイプも必要でなく，アーム長を飛躍的に伸ばすことが可能となる．しかし，アーム長が長いと，光がアーム内を往復している間に，周波数の高い重力波の位相が変化し，信号のキャンセルが起こる．したがって，感度の改善は低い周波数の重力波に対してのみ有効である．また，宇宙空間では低周波領域で雑音が低い．地上の干渉計では，低周波領域で地面振動や重力場雑音が支配的であり，10 Hz 以下の感度を上げることが困難であったが，宇宙空間では，そもそも地面振動は存在せず，また重力場雑音も振動源があまりないため地上と比べて著しく小さくなる．このようなことから，宇宙空間においては低周波領域で感度が飛躍的によくなる．

また，低周波領域では一般的な傾向として，より大きな重力波信号が期待できる．理由は以下のとおりである．質量の大きな天体はその大きさゆえ，動きがゆっくりとなり低周波の重力波を放射し，そして質量が大きいためにより強い重力波を放射する．つまり，低周波領域では重力波源の天体の規模は大きくなり，それだけ重力波信号は大きくなるのである．以上2つの理由により，宇宙空間の検出器は低周波で感度がよく，しかも期待できる重力波信号も大きいことから，地上検出器に比べて重力波検出という点から非常に有利となる．

10.2.1　LISA

Laser Interferometer Space Antenna (LISA) は National Aeronautics and Space Administration (NASA) を主要な共同機関として European Space Agency (ESA) が主導する宇宙重力波検出器である．2011 年までは ESA と NASA の共同計画であったが，NASA が計画の困難に直面したことで，ESA のみのミッションとして，干渉計の腕を 2 本にし，名前も Evolving LISA (eLISA) と変え，規模を縮小したものが数年間検討された．しかし現在では，NASA は主要な共同機関として復帰し，元のデザインである 3 本腕に戻された LISA ミッションは，2017 年 6 月に ESA の将来科学プログラムの L3 ミッションとして選ばれた．

LISA は一辺が 250 万 km の正三角形の頂点に位置する 3 つの衛星を結ぶ干渉計として構成される（図 10.4 参照）．レーザーパワーは 2 W であり，レーザー光の出入射に使われるテレスコープの直径は 30 cm である．

LISA の衛星は正三角形を常に保つよう，地球の後方 5 千万 km を追うような太陽周回軌道に投入される（図 10.5 参照）．

LISA の腕は長いために，回折によりレーザー光は広がり 250 万 km の長さの腕を伝わった後は，2 W のレーザーパワーのうち，わずか 1 nW しかテレス

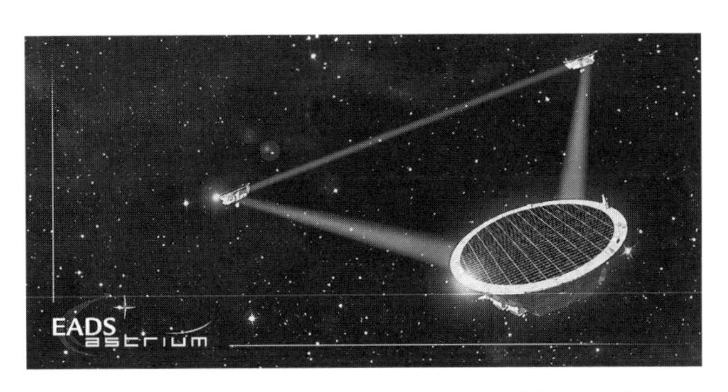

図 10.4　LISA のコンセプトアート（デザインに基づき視覚化されたもの）．3 つの衛星をレーザーで結び，干渉計が構成される (Credit: EADS Astrium).

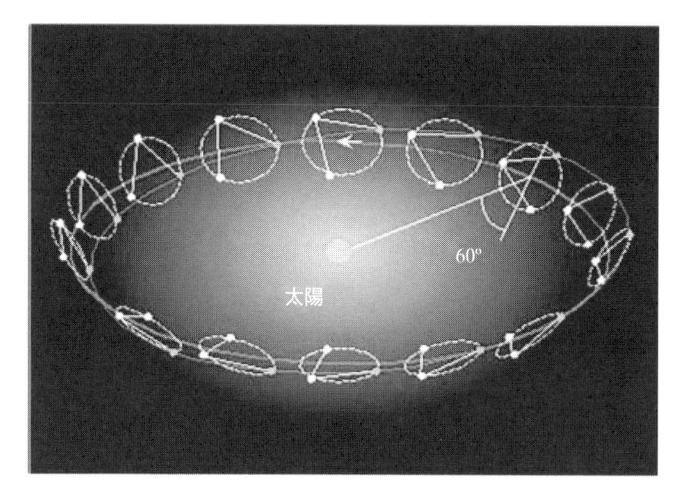

図 **10.5** LISA の軌道 (Credit: ESA).

コープに受信されない．その光を直接反射させるのは現実的ではない．そこで光トランスポンダの技術を使う．これは遠方の衛星にもレーザー光源を搭載し，やってきた光に位相ロックしてレーザーを打ち出す方法である．これにより再び 1 nW 程度の光をもとの衛星に戻すことができる．

LISA の狙う周波数帯は 1 mHz〜100 mHz であり，その主目的は中間質量〜巨大ブラックホール連星からの重力波を検出し，銀河中心に存在する巨大ブラックホール形成のメカニズムを解明することなどである．LISA の目標感度は，図 10.6 に示されるように，もっとも感度のよい 5 mHz 付近で 5×10^{-22} である．この感度が実現すれば，レッドシフト $z = 3$ の遠方にある太陽質量の 10^5 倍，10^6 倍，10^7 倍のブラックホール連星からの重力波信号は，それぞれ合体の 1 年前，数か月前，数日前程度から見え始め，その信号雑音比は最大で，それぞれ 200，1000，300 と非常に高いものとなることがわかる．ちなみに，ブラックホール連星からの重力波信号の予測値が，周波数が高くなるにつれて小さくなっているのは，周波数が高くなるとスイープの速度が速くなり，データ解析における積分効果が弱まる効果を含ませているからである．

また，我々の銀河ですでに観測されている白色矮星連星等からやってくる重力波は，LISA の観測帯域に十分高い信号雑音比をもって存在することが予測

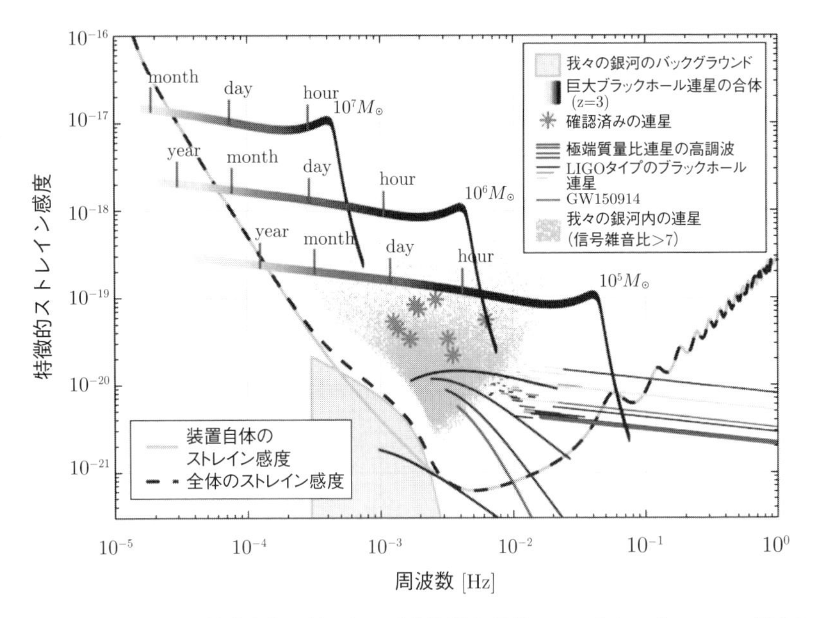

図 10.6　LISA の目標感度と予想される重力波源と信号．レッドシフト $z = 3$ の遠方にある太陽質量の 10^5 倍，10^6 倍，10^7 倍のブラックホール連星からの重力波信号の大きさと合体までの時間が示されている．また，我々の銀河ですでに観測されている白色矮星連星等からやってくる重力波信号の予測値も示されている．さらに，混乱制限雑音も示されている (Credit: LISA).

されており，これらの重力波は一般相対性理論が正しい限り確実に観測されるであろうと考えられている．なお，我々の銀河には白色矮星連星等が多数存在し，それらからの重力波は観測帯の周波数分解能に対応する 1 つのビンに複数個の信号が入ってしまう．そのため，重力波信号でありながらそれらを分離できず雑音扱いとなってしまう混乱制限雑音なるものが存在し，LISA の感度を 1 mHz 付近で若干悪化させる．

LISA では，さまざまな重力波源からの重力波信号の観測により，以下のような謎を解明することに挑戦する．

- 大質量ブラックホール（太陽質量の 10^4 倍〜10^8 倍）：いつ，最初のブラックホールが生まれたのか？そしてその質量とスピンは？どのようにしてブラックホールは誕生から現在まで進化してきたのか？ブラックホールは，再電離，銀河進化，構造形成にどのような役割を果たしてきたのか？距離とレッドシフトの関係は？また，宇宙進化の歴史は？グラビトンには質量があるか？

- 極質量比インスパイラル（太陽質量の 1〜10 倍と 10^4〜5×10^6 倍）：銀河核におけるダイナミクスは？低質量銀河におけるブラックホールの割合は？カー計量とのずれはあるか？あるとしたらどのような物理がそれを誘起しているのか？事象の地平線のない物質は存在するのか？
- 我々の銀河内の高密度星連星：タイプ Ia の超新星爆発のメカニズムは？高密度星連星の形成と合体の頻度は？星の進化の最終形態は？
- 背景重力波：マイクロ波背景放射の分離前の 1〜1000 TeV の時代の直接検証．相転移はあったのか？ヒッグス場の自己相関の検証と超対称性の探索．ミリメーター以下のスケールの余剰次元は存在するか？ TeV 領域で再加熱温度のブレーンワールドシナリオを見ることができるか？宇宙紐のような位相欠陥は存在するか？

LISA は，ESA の L3 ミッションに選ばれ，その打ち上げは 2034 年に予定されている．

LISA Pathfinder

LISA の前哨衛星である LISA Pathfinder (LPF) は 1 台の衛星で LISA の干渉計や推進システムなどさまざまな技術を宇宙実証するためのミッションであり，2015 年 12 月 3 日に見事打ち上げに成功した（図 10.7 参照）．その後の軌道変更等も順調に進み，2016 年 2 月半ばにラグランジェ点 L1 に到着した．その後，2016 年 3 月 1 日からサイエンス運用が開始された．

図 10.8 に示すように，LPF は 2 個の立方体様のテストマス（TM1 と TM2），干渉計システム，制御システム，ドラッグフリー衛星から成る．2 個のテストマスは一辺約 40 mm の金–白金の合金から成り，質量は約 1.9 kg であり，2 個のテストマス間の距離は 376 mm である．これらのテストマスは，観測中は衛星内で浮かぶように衛星のスラスターや，テストマスのまわりを囲むハウジングに取り付けられた静電アクチュエーターにより制御される．実際の制御のヒエラルキーは複雑だが，テストマスの光線方向の制御に関する基本的な考え方

図 10.7　LPF の地上試験時の様子．開発チームのメンバーも写っている (Credit: LPF).

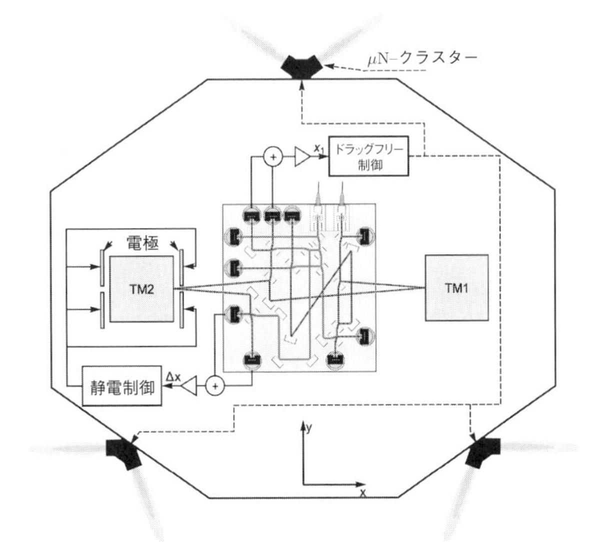

図 10.8　LPF の概念図．TM1 と TM2 の 2 つのテストマスとその位置を検出するための干渉計が示されている．また，テストマスの変位信号を衛星のスラスターにフィードバックして行うドラッグフリー制御システムと TM2 のアクチュエーターにフィードバックして行う干渉計制御システムも示されている（[34] より引用).

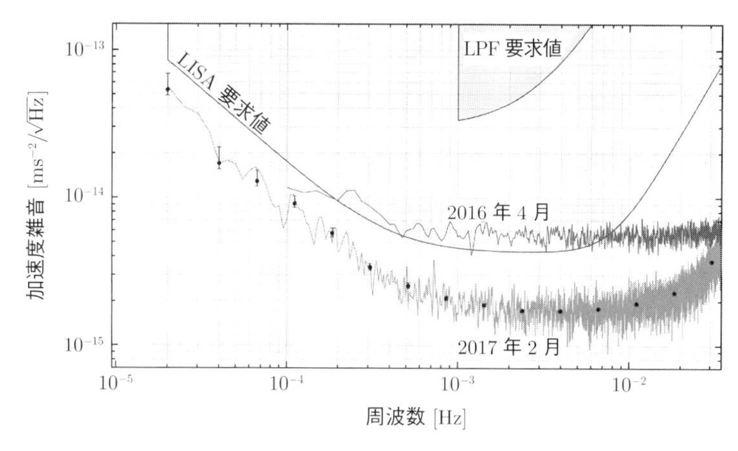

図 10.9 LPF で計測された加速度雑音．LPF と LISA の要求値も示されている（[35] より引用）．

は以下のとおりである．まず，TM1 の位置を基準として，それに対して衛星の位置を制御する．これには衛星に取り付けられたマイクロニュートン・スラスターが使われる．次に TM2 の位置は TM1 を基準として測定され，その間隔が一定になるように TM2 の静電アクチュエーターを使って制御される．なお，ハウジングにはテストマスの衛星に対する位置をモニターするためのローカルセンサーも取り付けられている．また，宇宙線によるテストマスの帯電は紫外線ライトにより放電されるようになっている．

LPF の目的の一つは，干渉計の加速度雑音の確認であった．これに関しては，図 10.9 に示すように，LPF の要求値を通り越して LISA の要求値をも上回るという大成功を収めた．これによって，LISA の実現の可能性がより確実なものになったといえる．

10.2.2 DECIGO

Deci-hertz Interferometer Gravitational Wave Observatory (DECIGO) は日本が推進する宇宙重力波検出器である [10, 36]．DECIGO の狙う周波数帯は LISA と地上検出器の狙う周波数帯の間の 0.1 Hz〜10 Hz である．この周波数帯のよい点は，白色矮星連星からの混乱制限雑音がないことである．0.1 Hz 以上では，白色矮星連星からのチャープ信号がある周波数に留まる時間が短くなってくるので，1 つの周波数ビンの中に信号が 1 つの状態になり，重力波信号として分離できる．また，白色矮星はある程度の大きさがあるので，0.1 Hz 以上では合体が起こり，それ以上の周波数の重力波を出すことができない．したがって，0.1 Hz〜10 Hz の周波数帯には重力波の深い窓が開いている．

この周波数帯を狙う理由はほかにもある．LISA で観測された中間質量ブラックホールの連星のフォローアップ観測を行い，合体からの重力波の波形を観察し，超強重力場における一般相対性理論の検証を行うこともできるし，また，DECIGO で観測された中性子星連星などの様子から，地上検出器に重力波信号の予測情報を与えることもできる．

DECIGO は 1 辺 1000 km の正三角形に配置された 3 つの人工衛星から成る検出器であり，各頂点を中心とした V 字の干渉計 3 台をもつ（図 10.10 参照）．これらの検出器を 1 つのクラスターとして，太陽周回の地球トレイル軌道に 4 つのクラスターを配置する（図 10.11 参照）．各クラスターは軌道上の 120 度離

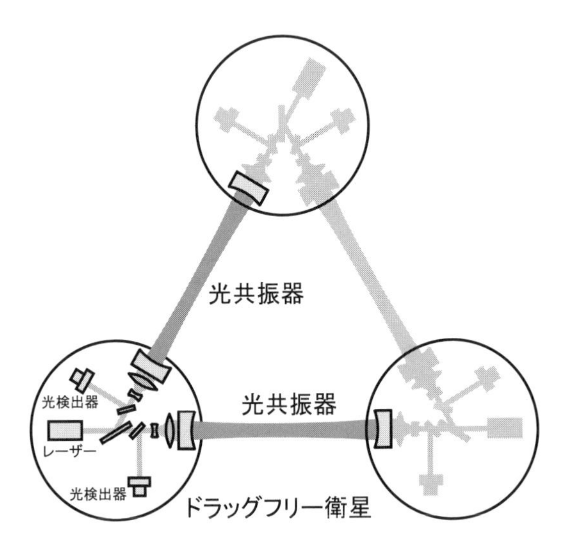

図 10.10　DECIGO の予備概念設計．DECIGO のクラスターは 3 つのドラッグフリー衛星から成る．衛星の中には 2 つの鏡が浮かんでおり，それぞれ遠方の衛星内に浮かんでいる鏡との間で光共振器を構成する．衛星内にはレーザー，ビームスプリッター，光検出器などが設置されており，干渉計を構成している (Credit: DECIGO).

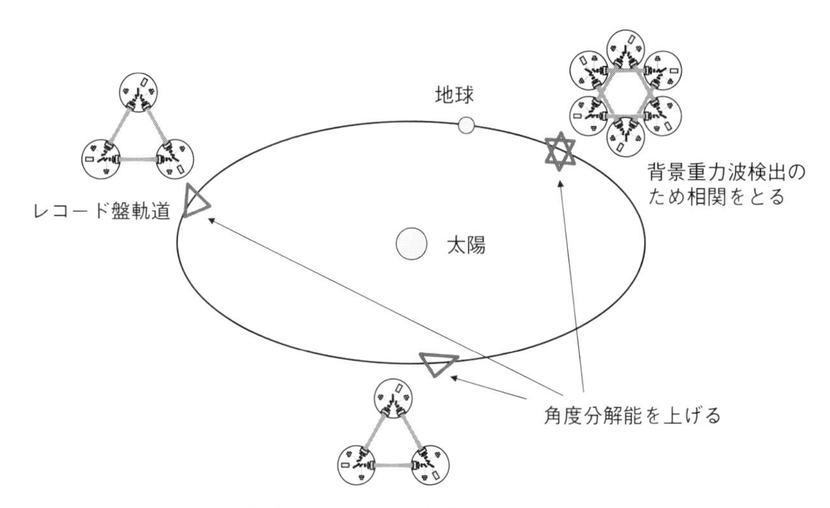

図 10.11 DECIGO の軌道．DECIGO の軌道は地球トレイルの太陽周回軌道である．離れた場所に 3 クラスター必要な理由は，重力波源の方向の角度分解能を上げるためである．また，同じ場所に 2 台必要な理由は，背景重力波検出のために 2 台の検出器の相関をとるためである (Credit: DECIGO).

れた 3 つの点に置き，そのうちの 2 つのクラスターは同じ場所に置く．このように離れた場所に複数のクラスターを配置する理由は，重力波源の分解能を上げるためである．また，同じ場所に 2 つのクラスターを置く理由は，背景重力波検出のために 2 つのクラスターの相関をとるためである．

DECIGO の干渉計は，パワー 10 W，波長 532 nm のレーザーを光源とするファブリペロー・マイケルソン干渉計である．鏡は輻射圧雑音を抑えるために質量は 100 kg と重くし，また 1000 km 離れた遠方でもすべての光を反射することができるように，直径を 1 m と大きくする．このような光学系で，腕共振器のフィネスとしては 10 が実現可能である．

ここで，DECIGO ではなぜ光トランスポンダ方式ではなく光共振器方式を採用したかを説明しておこう．図 10.12 に示すように，LISA のような長基線長をもつ検出器に対しては，一方の衛星から発射されたレーザー光は回折のため遠方の衛星の鏡に到達できる光はごくわずかであり，光トランスポンダ方式を用いることはすでに述べた．この際の変位に対するショットノイズ $\delta x_{\rm shot}$ は，衛星間の距離 L に対応する周波数 $f_{\rm shot} = c/2L$ より下ではホワイトである ($\delta x_{\rm shot} \propto f^0$

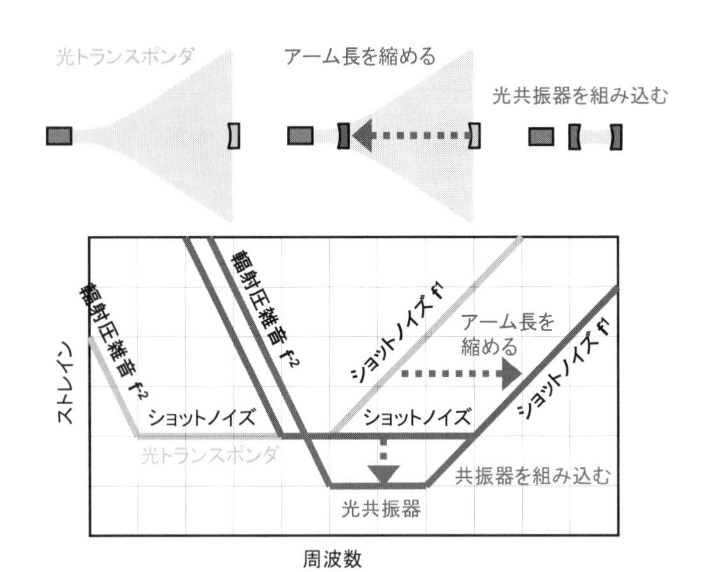

図 10.12　光トランスポンダ方式と光共振器方式の量子雑音の比較．左上図：衛星間の距離が長く光トランスポンダ方式を使う場合．中上図：アーム長を縮めた場合．右上図：距離を縮めて光共振器を組み込んだ場合．下図：それぞれの場合のショットノイズと輻射圧雑音 (Credit: DECIGO).

$(f < f_{\rm shot}))$ が，$f_{\rm shot} = c/2L$ より上では，重力波信号のキャンセルが起こるため周波数に比例して悪くなっていく $(\delta x_{\rm shot} \propto f\ (f > f_{\rm shot}))$．一方，変位に対する輻射圧雑音に関しては，衛星の鏡に当たる光のパワーに応じた雑音となり，周波数の 2 乗に反比例する $(\delta x_{\rm radiation} \propto f^{-2})$．

この状態でアーム長を縮めてみよう．まず，$f < f_{\rm shot}$ におけるショットノイズのアーム長依存性について考える．変位に対するショットノイズは光のパワーのルートに反比例し $(\delta x_{\rm shot} \propto 1/\sqrt{P_{\rm arr}})$，遠方の衛星の鏡に到達できる光のパワーは回折の特徴からアーム長の 2 乗に反比例する $(P_{\rm arr} \propto 1/L^2)$．したがって，変位に対するショットノイズはアーム長に比例する $(\delta x_{\rm shot} \propto L)$．ところで，ストレインに対するショットノイズ $\delta n_{\rm shot}$ は変位に対するショットノイズをアーム長で割ったものである $(\delta n_{\rm shot} = \delta x_{\rm shot}/L)$．したがって，ストレインに対するショットノイズはアーム長に依存しない $(\delta n_{\rm shot} \propto L^0)$．なお，ショットノイズが悪化し始める周波数 $f_{\rm shot}$ はアーム長に反比例する $(f_{\rm shot} \propto 1/L)$．

したがって，アーム長を縮めると，ストレインに対するショットノイズは周波数の高い方向にアーム長に反比例してずれる．

次に輻射圧雑音について考える．変位に対する輻射圧雑音は光のパワーのルートに比例し ($\delta x_{\mathrm{radiation}} \propto \sqrt{P_{\mathrm{arr}}}$)，光のパワーはアーム長の 2 乗に反比例する ($P_{\mathrm{arr}} \propto 1/L^2$)．したがって，変位に対する輻射圧雑音はアーム長に反比例する ($\delta x_{\mathrm{radiation}} \propto 1/L$)．ストレインに対する輻射圧雑音 $\delta n_{\mathrm{radiation}}$ は変位に対する輻射圧雑音をアーム長で割ったものである ($\delta n_{\mathrm{radiation}} = \delta x_{\mathrm{radiation}}/L$) ため，ストレインに対する輻射圧雑音はアーム長の 2 乗に反比例する ($\delta n_{\mathrm{radiation}} \propto 1/L^2$)．ここで，輻射圧雑音とショットノイズがクロスする周波数を $f_{\mathrm{rad-shot}}$ とすると，輻射圧雑音が周波数の 2 乗に反比例する ($\delta n_{\mathrm{radiation}} \propto f^{-2}$) ことから，$f_{\mathrm{rad-shot}}$ はアーム長に反比例すること ($f_{\mathrm{rad-shot}} \propto 1/L$) がわかる．したがって，結局，アーム長を縮めると，ストレインに対するショットノイズと輻射圧雑音は，その形を保ったまま，周波数の高い方向にアーム長に反比例してずれることになる．

この事情は，距離が十分に短くなって，発射光のほとんどのパワーが遠方の衛星の鏡に到達できるまで続く．そして，発射光のほとんどのパワーが遠方の衛星の鏡に到達できるようになれば，手前の衛星にインプット鏡を置き，光共振器を形成することが可能となる．そうすると，f_{shot} より下では，ストレインに対するショットノイズは光共振器のフィネス $\mathcal{F}$ に反比例して改善する ($\delta n_{\mathrm{shot}} \propto 1/\mathcal{F}$ $(f < f_{\mathrm{shot}})$)．一方，f_{shot} より上では，ストレインに対するショットノイズは改善しない．ストレインに対する輻射圧雑音に関しては，フィネスに比例して悪化する ($\delta n_{\mathrm{radiation}} \propto \mathcal{F}$)．ここで重要なのは，光共振器を組み込むことにより量子雑音のフロアーが改善することであり，これにより，より深い窓を開くことが可能となる．また，輻射圧雑音の悪化に関しては，輻射圧雑音を白色矮星連星からの重力波雑音以下に抑えるような設計をすることにより，そのデメリットを無視できるものとすることが可能である．

鏡は，太陽輻射圧や宇宙の塵などによってその軌道が影響を受けないように，衛星の中に浮かんでおり，鏡に対する衛星の位置が変化しないように変位センサーと衛星のスラスターによって制御されている．このような衛星をドラッグフリー衛星という．さて，干渉計による鏡間の距離の計測とドラッグフリーシステムが両立することを示しておこう．図 10.13 に示すように，鏡は衛星の中

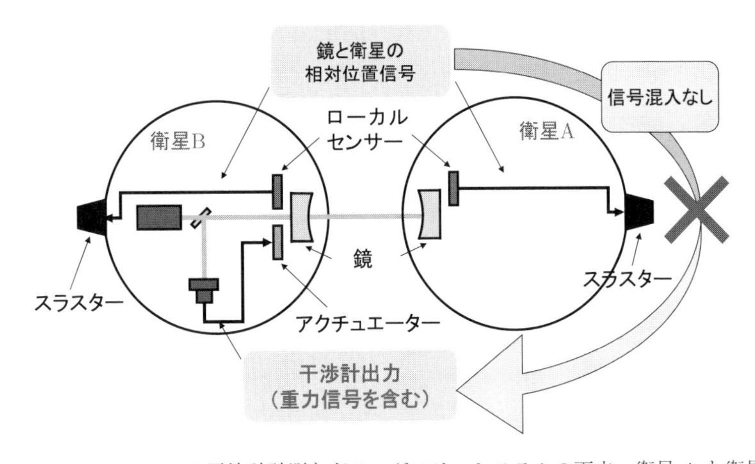

図 10.13　DECIGO の干渉計計測とドラッグフリーシステムの両立．衛星 A と衛星 B の中には鏡が浮かんでいる．それぞれの鏡に対して各衛星の相対位置が各衛星に設置されたローカルセンサーによって計測される．その信号は各衛星のスラスターにフィードバックされ，鏡に対する衛星の相対位置が制御される．2 つの鏡間の距離は衛星 B に搭載されたレーザーによる干渉計によって計測される．この信号は，衛星 B に設置されたアクチュエーターにより衛星 B 内の鏡にフィードバックされ，鏡間の距離が制御される．鏡と衛星間の相対位置信号は干渉計出力に混入しない (Credit: DECIGO).

で浮かんでおり，ローカルセンサーにより鏡に対する衛星の相対位置が計測される．その信号は衛星のスラスターにフィードバックされ，鏡に対する衛星の相対位置が制御される．これがドラッグフリーシステムである．一方，鏡間の距離は一方の衛星に搭載されたレーザーを用いてパウンド・ドレーバー・ホール法により計測される．さて，衛星は太陽の輻射圧やドラッグの影響で振動している．したがって，ローカルセンサーの信号にはその雑音が含まれている．しかし，この信号は鏡にフィードバックされるのではなく衛星にフィードバックされるため鏡の振動は誘起されない．したがって鏡間の距離計測の信号（重力波信号はここに現れる）には衛星の振動による信号は混入しない．このように，干渉計による鏡間の距離の計測とドラッグフリーシステムは雑音混入のない形で両立する．

DECIGO の目標感度は 1 Hz で $4 \times 10^{-24}\,\mathrm{Hz}^{-1/2}$ である（図 10.14 参照）．そして，ほぼ同じ場所に置いた 2 つのクラスターの相関を 3 年間とることにより，

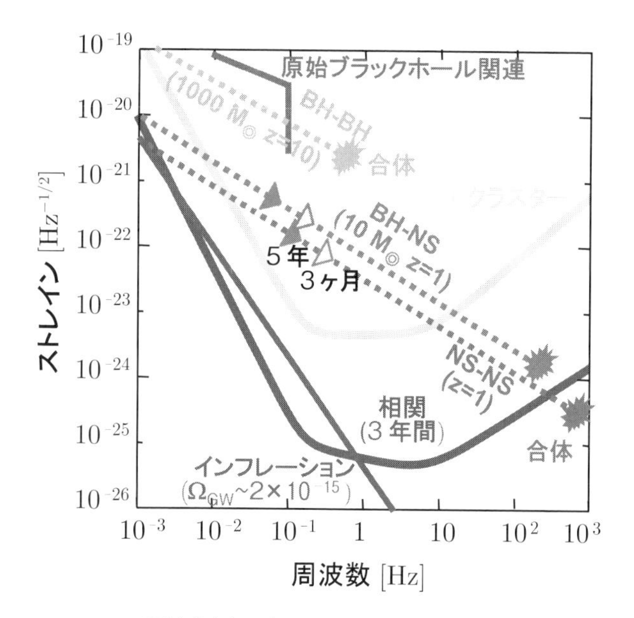

図 **10.14** DECIGO の目標感度と予想される重力波信号．DECIGO の 1 台のクラスターの目標感度と，同じ場所に設置された 2 台のクラスターからのデータの相関をとることにより得られる目標感度が示されている．また，期待される重力波信号として原始ブラックホール (PBH) 関連，ブラックホール連星合体，ブラックホールと中性子星の連星合体，中性子星連星合体，インフレーションからの重力波が示されている (Credit: DECIGO).

その感度を 1 Hz で $7\times10^{-26}\,\mathrm{Hz}^{-1/2}$ まで高めることができる．この周波数でこのようなものすごい感度が実現されると，さまざまな面白いサイエンスを切り開いていける可能性がある．

インフレーションの検証と特性評価

DECIGO のデータの相関を 3 年間とることにより，重力波のエネルギーの臨界密度との比 $\Omega_{\mathrm{GW}}=2\times10^{-15}$ を原理的に検出することができる．一方，インフレーションモデルの重要な予言として，インフレーション中に生成される背景重力波の存在が挙げられる．上記の DECIGO の目標感度が実現されると，観測期間や検出器の台数等を調整すれば，標準的なインフレーションモデルの予言する背景重力波 [37] も検出可能になってくる．インフレーション起源の重力波を時空のひずみの振動として直接検出することは，宇宙背景輻射等を通した間接的な計測方法では達成できず，宇宙論の非常に重要な成果となる．また，この観測によりインフレーションのエネルギースケールを決定することもできる．極初期宇宙に生成された重力波信号を直接捕捉し，宇宙誕生の謎に迫ることが DECIGO 最大の目的である．

宇宙の熱史の決定

DECIGO はインフレーションからの重力波を検出するだけではなく，インフレーションの終了の時期からビッグバン元素合成の間の初期宇宙の熱史の情報を引き出すこともできる [38]．インフレーションの時代に発生した重力波はハッブル半径に同じ振幅で再入射する．そして，その後の宇宙の状態により背景重力波のスペクトル（強度の周波数依存性）が変わってくるので，この変化の兆候を調べることにより，ある条件のもと，インフレーションの再加熱温度を推定することができる．

ダークエネルギーの特性評価

例えば，赤方偏移 $z = 1$ 程度にある中性子星連星からの重力波の波形を長期間観測することにより，宇宙の膨張の加速度を直接計測することも可能になる [10]（図 10.15 参照）．遠方の中性子星連星からの重力波は，宇宙膨張に伴い，重力波信号も赤方偏移を受ける．そして，もし宇宙の膨張が加速していれば，観測される重力波の位相が長期間観測を続けているうちにわずかにずれてくるはずである．一方，重力波形の振幅を使って波源までの距離を推定することができる．連星合体時の電磁波信号から波源の赤方偏移も決定できた場合，距離–赤方偏移の関係からも加速膨張の情報を得ることができる．天文学的な経験則を利用した超新星による加速膨張の計測と比べ，重力波を利用したこれらの手法は基礎的な物理法則に基づいており，非常に重要である．この観測により，宇宙の膨張加速を引き起こす原因であると考えられているダークエネルギーの解明に新たな知見を与える可能性がある．

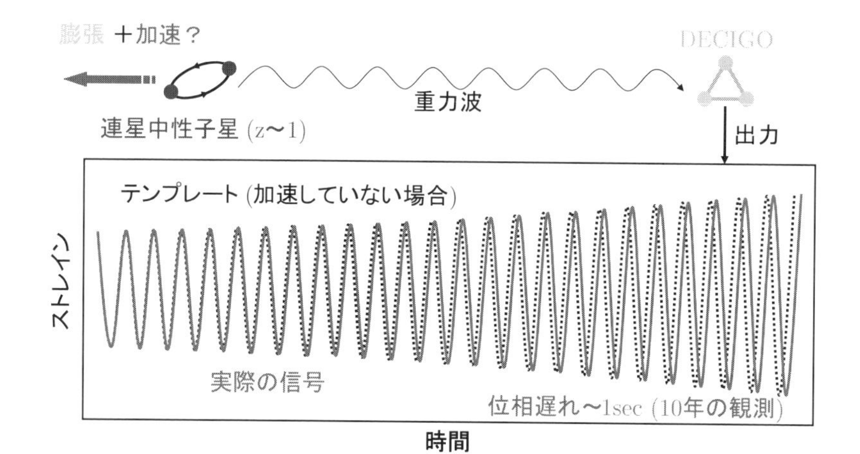

図 **10.15** DECIGO による宇宙の膨張加速度の直接計測の原理．遠方の中性子星連星からやってくる重力波を DECIGO で計測する．重力波信号の波形は宇宙の膨張により赤方偏移を受ける．さらに宇宙膨張が加速している場合は重力波信号の位相に遅れが生じる (Credit: DECIGO).

銀河中心の巨大ブラックホールの形成のメカニズム

DECIGO は LISA と同様に，中間質量のブラックホール連星からの重力波 [39] を観測することにより，銀河中心にある巨大ブラックホールの形成のメカニズムを理解するうえで鍵となる情報を提供できると期待される．例えば $z = 10$ という遥か遠方に位置する，太陽質量の 1000 倍のブラックホールの連星からの重力波ですら信号雑音比 1000 という非常に質のよい観測が可能であるため，非常に多数の中間質量ブラックホール連星の合体に対するデータを分析することにより，ブラックホールの質量と合体頻度の関係を導き出すことが可能である．したがって，銀河中心の巨大ブラックホールがどのようなシナリオで形成され成長していったかについての非常に重要な情報を得ることができる．

修正重力理論のテスト

DECIGO はまた，ブランスディッケ理論などに代表される，修正重力理論のテストとしても役立つ．ブランスディッケ理論は単純なスカラーテンソル理論であり，そのパラメータの制限は土星探査機 Cassini によるシャピロディレイの測定から与えられている．さて，DECIGO で $z = 1$ 程度にある太陽質量の 10 倍程度のブラックホールと中性子星の連星から放射される重力波の観測を行うとする．ブランスディッケ理論においては，双極子放射によるエネルギーロスが加わるため，一般相対性理論の予測する連星合体への道筋とは違った結果になる．そして DECIGO では観測期間に非常に多くの重力波のサイクルが観測できるため，その位相変遷の違いについての非常に精度の高い検証が可能となる．この点が，地上の検出器と比べて格段に有利な点である．また，DECIGO ではこのような重力波を年間 10000 イベント検出することが期待できるため，これらの観測をすべてのイベントに対して行うことにより，これまでに得られた制限よりも 4 桁も精度の高い制限を課すことが可能となる [40].

スカラーあるいはベクトル重力波の存在の可能性

ある種の修正重力理論によると，通常のテンソル重力波に加えてスカラー，あるいはベクトル重力波の存在の可能性が指摘されている．もし，非常に高エネルギーの初期宇宙において，一般相対性理論が成り立たなくなるとすると，そのような重力波が生成される可能性がある．これらのモードの重力波は，同じ場所にある 2 台のクラスターを，想定している重力波の波長程度離して設置することにより，通常のテンソル重力波との分離が可能である [41].

初期宇宙におけるパリティー対称性

DECIGO では，同じ場所にある 2 台のクラスターの相関解析により，インフレーションから発生する重力波を捉えることが最大の目的であることはすでに述べたが，上述のように 2 台のクラスターを適当な距離を離して設置することにより，右回りと左回りの重力波を区別して検出することが可能となり，それによりインフレーションの時代に右回りと左回りの重力波の強度に非対称性があったかどうか，つまり，パリティー対称性の破れがあったかどうかを検証することができる [42].

ダークマターの探索

ダークマターの候補として原始ブラックホールが考えられているが，DECIGO

はこれを確認するための手段ともなる．もし，原始ブラックホールがダークマターの正体であれば，初期宇宙において，原始ブラックホールを生み出すに十分な密度揺らぎが存在したはずである．そして，その密度揺らぎがDECIGOで検出可能な重力波を生み出したはずである．その際生成された重力波の典型的な周波数は，原始ブラックホールの質量によって一意的に決まるが，DECIGOで観測可能な周波数の重力波に対応する原子ブラックホールの質量は，まだ重力レンズ効果の観測で棄却されていないため，DECIGOの観測により，この仮説の正否が決定される [43].

中性子星の物理

中性子星の形成や状態方程式には，まだわかっていない点が多い．DECIGOは中性子星連星からやってくる重力波の観測を行うことにより，年間約10万個の中性子星の質量を決定することができる．したがって，中性子星の質量分布や許容最大質量がわかり，そこから中性子星の形成に関する貴重な情報や状態方程式に関する新たな知見が得られることが期待できる．

惑星探査

もし，中性子星連星のまわりに惑星があれば，その分重力波信号の波形が変化するので，その波形の変化を検出することにより，惑星の存在を検証することができる．DECIGOでは，$z=1$ の遠方の中性子星連星でさえも，木星程度の質量をもつ惑星があるかどうかを識別できる感度をもっている [44]．もし，このような惑星が発見されれば，中性子星連星という通常とはかけ離れた環境での惑星の形成と進化に対して貴重な情報を得ることができる．

ショートガンマ線バーストの予測

もし，中性子星連星の合体がショートガンマ線バーストの発生源だとすると，DECIGOによる観測の結果からショートガンマ線バーストがいつ何時にどの方角からやってくるかの予測をすることができる [45]．DECIGOは $z=5$ の範囲にある中性子星連星からの重力波を検出することが可能であり，それらは合体の約5年前からDECIGOの観測帯域に現れる．そして，年間約10万個，つまり 1 日あたり約 300 個程度の割合で中性子星連星が合体すると推定されている．DECIGO の観測帯域でこれらの連星の重力波信号を解析すれば，その後の進化が予測でき，合体の時期も正確に割り出すことができる．また，重力波源の方向精度としては数秒角が期待できる．したがって，もし中性子星連星の合体のうち，その 300 分の 1（よくわかっていない）がショートガンマ線バーストを地球を含む方向に放射すると仮定すると，DECIGO の予測により，ガンマ線検出器を到来予測方向に狙いをつけてあらかじめセットしておけば，1 日あたり約 300 回の予報のうち 1 回程度は，ショートガンマ線バーストが実際に観測されることが期待できる．

ヒッグスセクターの検証

ヒッグス粒子は発見されたが，ヒッグス機構を司るヒッグスセクターの詳細は未知である．特に，電弱相転移の物理の解明は，電弱対称性の自発的破れの背後に潜む新物理や，宇宙のバリオン数非対称性の起源と関係して重要な問題である．しかし，これらの解明には，より高エネルギーの加速器が必要であることから，重力波を用いた検証も検討されてきた．兼村晋哉氏らは，電弱相転移が強い一次相転移である場合に発生する重力波のスペクトルを計算し，その結果，LISA や DECIGO での重力波の測定により，スカラー場の個数やスカラー場の質量等に有意な制限をつけることが可能であることを示した（図 10.16 参照）[46]．

B-DECIGO

DECIGO では，まずは小型衛星の相乗りなどの機会を利用し，要素技術を実証し，その後 B-DECIGO と呼ばれる DECIGO の前哨ミッションに移る．B-DECIGO は，アーム長 100 km，レーザーパワー 1 W，鏡の直径 0.3 m をもち，地球周回軌道に打ち上げられる予定である．

B-DECIGO は，DECIGO に必要な技術を実証する目的をもつ．特に重要なのは，フォーメーションフライトと宇宙空間における光共振器の制御である．光共振器の制御は地上ではすでに熟達した技術であるが，これを宇宙空間で，しかも 2 つの衛星の間で実現した例はもちろんこれまでにない．また，ドラッグ

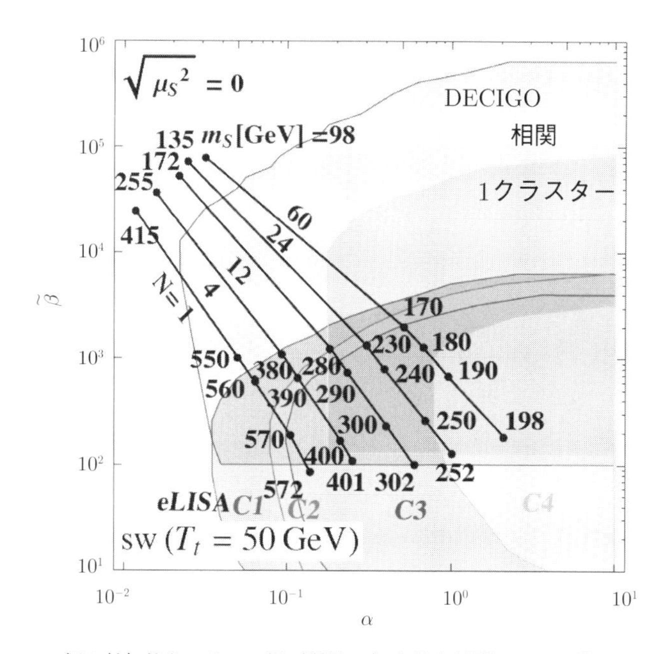

図 10.16　N 個の付加的なスカラー場（質量 m）を伴う拡張ヒッグス模型で，強い一次相転移からの重力波スペクトルの情報（ピークの強度とピークの振動数）を潜熱 (α) と相転移継続時間の逆数 (β) ）の平面にプロットした図．LISA と DECIGO の感度領域も示している．将来実験で重力波スペクトルの情報が測定されれば，許される N と m を制限できる（ [46] の Fig.2 を改訂）．

フリー衛星の技術も重要である．ドラッグフリー衛星としては，最近では LPF がすでに打ち上げられその制御に成功しているが，日本では初の技術である．さらに，打ち上げ時には鏡をがっちりと固定し，宇宙空間でやさしくリリースするクランプリリース機構の技術実証も必要である．

B-DECIGO のストレインに対する目標感度は DECIGO よりも 10 倍低く設定している．とはいえその感度は，重力波検出器として，非常に頻繁に重力波検出を可能にするほどに十分高いものである（図 10.17 参照）．したがって，B-DECIGO はそれ自身，Advanced LIGO により創成された重力波天文学をさらに発展させるという目的を併せもつ．具体的にいうと，B-DECIGO はレッドシフト $z \sim 30$ にある太陽の 30 倍の質量をもつブラックホール連星からの重力波を検出することが可能である．Advanced LIGO によって発見された太陽の

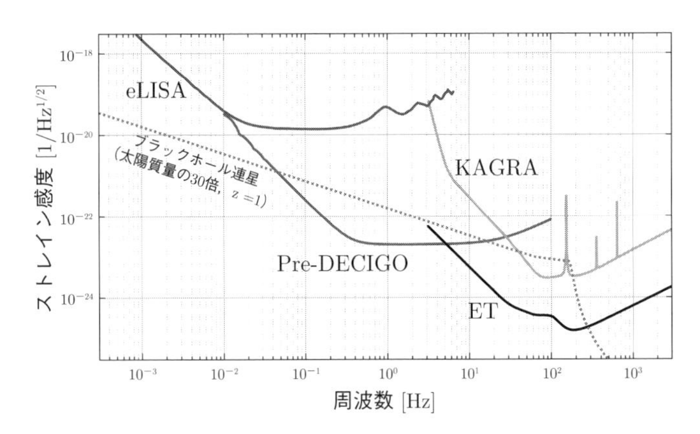

図 10.17　B-DECIGO の目標感度．図では，B-DECIGO の以前の名称である Pre-DECIGO と記されている．レッドシフト $z \sim 30$ にある太陽の 30 倍の質量をもつブラックホール連星からの重力波信号も示されている．また，eLISA, KAGRA, ET の目標感度曲線も比較のため示されている（[47] より引用）．

30 倍の質量をもつブラックホール連星の形成は，まだよくわかっていないが，B-DECIGO によってその成り立ちの謎が解明されるかもしれない．というのは，形成のメカニズムが違うと，ブラックホール連星の数密度の距離の依存性が異なるからである．例えば，種族 III モデルではイベントレートは 1.8×10^5 個/年であり $z \sim 10$ で飽和する．対して，原始ブラックホールモデルでは，ダークマターのわずか 0.1% が原始ブラックホールだとしても，イベントレートは $z = 30$ で 3×10^4 個/年であり，$z \sim 30$ においてもまだ飽和しない．また，種族 I/II モデルにおいては，イベントレートは $(3 - 10) \times 10^5$ 個/年であり $z \sim 6$ で飽和する．したがって，B-DECIGO により信号雑音比が小さいイベントが想定以上に検出され，種族IIIが存在する兆候を掴むことができるかもしれない．

B-DECIGO が成功した暁には，いよいよ究極の重力波検出器 DECIGO の出番である．DECIGO により，我々は究極の重力波天文学を手に入れることが期待できる．

参考図書

重力波の参考図書を以下に示す.

1. 川村静児『重力波とは何か—アインシュタインが奏でる宇宙からのメロディー』(幻冬舎, 2016) 一般向けの入門書. 本書を読む前に最初に読む本としては最適.
2. 安東正樹『重力波とはなにか—「時空のさざなみ」が拓く新たな宇宙論』(講談社, 2016) 一般向けではあるが, 重力波検出全般について非常に詳しく書かれている.
3. Pierre Binétruy (安東正樹 監訳, 岡田好恵 訳)『重力波で見える宇宙のはじまり—「時空のゆがみ」から宇宙進化を探る』(講談社, 2017) 一般向けで, 重力波検出全般にわたって書かれている. 特に宇宙論関係に詳しい.
4. 中村卓史・三尾典克・大橋正健 編著『重力波をとらえる—存在の証明から検出へ』(京都大学学術出版会, 1998) 重力波検出に関わる研究者向けの本. 理論から実験まで網羅している.
5. 柴田大『一般相対論の世界を探る—重力波と数値相対論』(東京大学出版会, 2007) 重力波理論に関わる研究者向けの本. 数値相対論について詳しい.
6. 田中貴浩『深化する一般相対論 ブラックホール・重力波・宇宙論』(丸善出版, 2017) 一般相対論中心の研究者向けの本. 重力波の理論や初検出についてもカバーしている.
7. Peter Saulson, "*Interferometric Gravitational Wave Detectors*" (World Scientific, 1994) 重力波検出に関わる研究者向けの本. 特に検出実験について詳しい.
8. Michele Maggiore, "*Gravitational Waves*" (Oxford University Press, 2008) 重力波検出に関わる研究者向けの本. 特に重力波理論・データ解析について詳しい.

参考文献

[1] Éanna É. Flanagan and Tanja Hinderer, "Constraining neutron-star tidal Love numbers with gravitational-wave detectors", Phys. Rev. D **77** (2008) 021502(R).

[2] Kenta Hotokezaka *et al.*, "Remnant massive neutron stars of binary neutron star mergers: Evolution process and gravitational waveform", Phys. Rev. D **88** (2013) 044026.

[3] J. H. Taylor and J. M. Weisberg, "Further experimental tests of relativistic gravity using the binary pulsar PSR 1913+16", APJ **345** (1989) 434–450.

[4] Frans Pretorius, "Evolution of Binary Black-Hole Spacetimes", Phys. Rev. Lett. **95** (2005) 121101.

[5] M. Campanelli *et al.*, "Accurate Evolutions of Orbiting Black-Hole Binaries without Excision", Phys. Rev. Lett. **96** (2006) 111101.

[6] John G. Baker *et al.*, "Gravitational-Wave Extraction from an Inspiraling Configuration of Merging Black Holes", Phys. Rev. Lett. **96** (2006) 111102.

[7] Abdul H. Mroue *et al.*, "Catalog of 174 Binary Black Hole Simulations for Gravitational Wave Astronomy", Phys. Rev. Lett. **111** (2013) 0241104.

[8] Kei Kotake, "Multiple physical elements to determine the gravitational-wave signatures of core-collapse supernovae", C. R. Phys. **14** (2013) 318.

[9] B. D. Metzger and E. Berger, "What is the most promising electromagnetic counterpart of a neutron star binary merger?", APJ **746** (2012) 48.

[10] N. Seto, S. Kawamura and T. Nakamura, "Possibility of Direct Measurement of the Acceleration of the Universe Using 0.1 Hz Band Laser In-

terferometer Gravitational Wave Antenna in Space", Phys. Rev. Lett. **87** (2001) 221103.

[11] Herbert B. Callen and Richard F. Greene, "On a Theorem of Irreversible Thermodynamics", Phys. Rev. **86** (1952) 702.

[12] Peter R. Saulson, "Thermal noise in mechanical experiments", Phys. Rev. D **42** (1990) 2437.

[13] Yu Levin, "Internal thermal noise in the LIGO test masses: A direct approach", Phys. Rev. D **57** (1998) 659.

[14] The LIGO Scientific Collaboration, "A gravitational wave observatory operating beyond the quantum shot-noise limit", Nat. Phys. **7** (2011) 962.

[15] The LIGO Scientific Collaboration, "Enhanced sensitivity of the LIGO gravitational wave detector by using squeezed states of light", Nat. Photonics. **7** (2013) 613.

[16] Osamu Miyakawa *et al.*, "Measurement of optical response of a detuned resonant sideband extraction gravitational wave detector", Phys. Rev. D **74** (2006) 022001.

[17] Bruce Allen and Joseph D. Romano, "Detecting a stochastic background of gravitational radiation: Signal processing strategies and sensitivities", Phys. Rev. D **59** (1999) 102001.

[18] B. P. Abbott *et al.*, "LIGO: the Laser Interferometer Gravitational-Wave Observatory", Rep. Prog. Phys. **72** (2009) 076901.

[19] M. Ando *et al.*, "Stable Operation of a 300-m Laser Interferometer with Sufficient Sensitivity to Detect Gravitational-Wave Events within Our Galaxy", Phys. Rev. Lett. **86** (2001) 3950.

[20] B. P. Abbott *et al.*, "Implications for the origin of GRB 070201 from LIGO observations", Astrophys. J. **681** (2008) 1419.

[21] B. P. Abbott *et al.*, "Beating the spin-down limit on gravitational wave emission from the crab pulsar", Astrophys. J. **683** (2008) L45.

[22] J. Aasi *et al.*, "Improved Upper Limits on the Stochastic Gravitational-Wave Background from 2009-2010 LIGO and Virgo Data", Phys. Rev.

Lett., **113** (2014) 231101.

[23] Takashi Uchiyama *et al.*, “Reduction of Thermal Fluctuations in a Cryogenic Laser Interferometric Gravitational Wave Detector”, Phys. Rev. Lett. **108** (2012) 141101.

[24] B. P. Abbott *et al.*, “Observation of Gravitational Waves from a Binary Black Hole Merger”, Phys. Rev. Lett. **116** (2016) 061102.

[25] The LIGO Scientific Collaboration and the Virgo Collaboration *et al.*, “Localization and Broadband Follow-up of the Gravitational-wave Transient GW150914”, Astrophys. J. Lett. **826** (2016) L13.

[26] 衣川智弥,「初代星連星由来の連星ブラックホール重力波」, 天文月報 **109** (2016) 728.

[27] B. P. Abbott *et al.*, “GW151226: Observation of Gravitational Waves from a 22-Solar-Mass Binary Black Hole Coalescence”, Phys. Rev. Lett., **116** (2016) 241103.

[28] B. P. Abbott *et al.*, “GW170104: Observation of a 50-Solar-Mass Binary Black Hole Coalescence at Redshift 0.2”, Phys. Rev. Lett. **118** (2017) 221101.

[29] B. P. Abbott *et al.*, “GW170608: Observation of a 19 Solar-mass Binary Black Hole Coalescence”, Astrophys. J. Lett. **851** (2017) L33.

[30] B. P. Abbott *et al.*, “GW170814: A Three-Detector Observation of Gravitational Waves from a Binary Black Hole Coalescence”, Phys. Rev. Lett. **119** (2017) 141101.

[31] B. P. Abbott *et al.*, “GW170817: Observation of Gravitational Waves from a Binary Neutron Star Inspiral”, Phys. Rev. Lett. **119** (2017) 161101.

[32] M. Punturo, *et al.*, “The Einstein Telescope: a third-generation gravitational wave observatory”, Class. Quantum Grav. **27** (2010) 194002.

[33] B. P. Abbott *et al.*, “Exploring the sensitivity of next generation gravitational wave detectors”, Class. Quantum Grav. **34** (2017) 044001.

[34] M. Armano *et al.*, “Sub-Femto-g Free Fall for Space-Based Gravitational Wave Observatories: LISA Pathfinder Results”, Phys. Rev. Lett. **116**

(2016) 231101.

[35] M. Armano *et al.*, "Beyond the Required LISA Free-Fall Performance: New LISA Pathfinder Results down to 20 μHz", Phys. Rev. Lett. **120** (2018) 061101.

[36] Seiji Kawamura *et al.*, "The Japanese space gravitational wave antenna: DECIGO", Class. Quantum Grav. **28** (2011) 094011.

[37] Sachiko Kuroyanagi, Takeshi Chiba and Naoshi Sugiyama, "Precision calculations of the gravitational wave background spectrum from inflation", Phys. Rev. D **79** (2009) 103501.

[38] Sachiko Kuroyanagi, Kazunori Nakayama and Jun'ichi Yokoyama, "Gravitational Waves from Merging Intermediate-Mass Black Holes", Prog. Theor. Exp. Phys. (2015) 013E02.

[39] Tatsushi Matsubayashi, Hisa-aki Shinkai and Toshikazu Ebisuzaki, "Gravitational waves as a probe of extended scalar sectors with the first order electroweak phase transition", Astrophys. J. **614** (2004) 864.

[40] Kent Yagi and Takahiro Tanaka, "DECIGO/BBO as a Probe to Constrain Alternative Theories of Gravity", Prog. Theor. Exp. Phys. **123** (2010) 1069.

[41] Atsushi Nishizawa, Atsushi Taruya and Seiji Kawamura, "Cosmological test of gravity with polarizations of stochastic gravitational waves around 0.1-1 Hz", Phys. Rev. D **81** (2010) 104043.

[42] Naoki Seto, "Quest for circular polarization of a gravitational wave background and orbits of laser interferometers in space", Phys. Rev. D **75** (2007) 061302(R).

[43] Ryo Saito and Jun'ichi Yokoyama, "Gravitational-Wave Background as a Probe of the Primordial Black-Hole Abundance", Phys. Rev. Lett. **102** (2009) 161101.

[44] Naoki Seto, "Detecting planets around compact binaries with gravitational wave detectors in space", Astrophys. J. **677** (2008) L55.

[45] Ryuichi Takahashi and Takashi Nakamura, "The Decihertz Laser Inter-

ferometer Can Determine the Position of the Coalescing Binary Neutron Stars within an Arcminute a Week before the Final Merging Event to the Black Hole", Astrophys. J. **596** (2003) L231.

[46] Mitsuru Kakizaki, Shinya Kanemura and Toshinori Matsui, "Gravitational waves as a probe of extended scalar sectors with the first order electroweak phase transition", Phys. Rev. D **92** (2015) 115007.

[47] Takashi Nakamura *et al.*, "Pre-DECIGO can get the smoking gun to decide the astrophysical or cosmological origin of GW150914-like binary black holes", Prog. Theor. Exp. phys. (2016) 093E01.

索　引

英数字

あ

か

さ

た

な

は

ま

や

ら

わ

MEMO

MEMO

著者紹介

川村静児（かわむら　せいじ）

1989 年　東京大学大学院理学系研究科物理学専攻博士課程修了
1989 年　カリフォルニア工科大学 Member of Professional Staff 等
1997 年　国立天文台　助教授，のちに准教授
2011 年　東京大学宇宙線研究所重力波推進室，のちに重力波観測研究施設　教授
2017 年　名古屋大学大学院理学研究科素粒子宇宙物理学専攻　教授

専　門　重力波物理学
著　書「重力波とは何か—アインシュタインが奏でる宇宙からのメロディー」（2016 年，幻冬舎）
趣　味　バドミントン

基本法則から読み解く 物理学最前線 17
重力波物理の最前線
Frontiers of Gravitational Wave Physics

2018 年 3 月 10 日　初版 1 刷発行

著　者　川村静児　© 2018
監　修　須藤彰三
　　　　岡　真
発行者　南條光章
発行所　**共立出版株式会社**
東京都文京区小日向 4-6-19
電話　03-3947-2511（代表）
郵便番号　112-0006
振替口座　00110-2-57035
URL http://www.kyoritsu-pub.co.jp/

印　刷
製　本　藤原印刷

検印廃止
NDC 441.1

ISBN 978-4-320-03537-9

一般社団法人
自然科学書協会
会員

Printed in Japan